[日] 翡翠小太郎 著
高怀冰 译

别让眼前的坏事赶走未来的好事

坏事≠坏情绪

心情好了，运气来了

江苏凤凰科学技术出版社

图书在版编目（CIP）数据

别让眼前的坏事赶走未来的好事 /（日）翡翠小太郎著；高怀冰译．— 南京：江苏凤凰科学技术出版社，2018.7

ISBN 978-7-5537-9161-6

Ⅰ．①别… Ⅱ．①翡… ②高… Ⅲ．①人生哲学－通俗读物 Ⅳ．① B821-49

中国版本图书馆 CIP 数据核字 (2018) 第 080206 号

别让眼前的坏事赶走未来的好事

著　　者　[日]翡翠小太郎
译　　者　高怀冰
责任编辑　倪　敏
责任监制　曹叶平　方　晨

出版发行　江苏凤凰科学技术出版社
出版社地址　南京市湖南路1号A楼，邮编：210009
出版社网址　http://www.pspress.cn
印　　刷　北京文昌阁彩色印刷有限责任公司

开　　本　787mm×1 092mm　1/32
印　　张　8
字　　数　159 000
版　　次　2018年7月第1版
印　　次　2018年7月第1次印刷

标准书号　ISBN 978-7-5537-9161-6
定　　价　39.80元

没有事实，只有诠释。

——弗里德里希・威廉・尼采

引子

以前，我们的祖先在仰望星空时：

“快看快看，这颗星星和那颗星星连在一起，看起来就像头狮子。”

祖先兴奋地取名为“狮子座”。

“那颗和那颗连在一起看，绝对是蝎子！”

使祖先激动的就是“天蝎座”。

“那是头发吧？”

“欸，头发？”

祖先带着稍许开心，取名为“头发座”。（笑）

星星只存在于远方。但是，运用丰富的想象力，祖先在夜空发现这些形状，信手拈来词汇为繁星命名，并据此发掘故事，则形成了星座的历史。

人生也是如此。现实只是摆在那里而已。

如何把枯燥无味的现实变得妙趣横生，这一切依靠于你的“视角”。

问题本身都不是问题，我们怎么去看待它们才是真正的问题所在。而看待问题的方式，我们是可以随意切换的。

这本书，汇总了许多能让你的枯燥生活焕然一新的视角。

欢迎来到翡翠[①]世界。

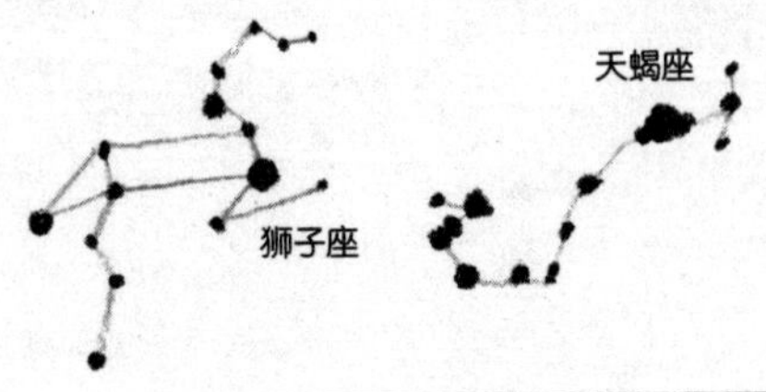

① 作者名为翡翠小太郎。

目录

绪言

第1章 “大失所望”时

第2章 “焦躁不安”时

第 3 章 “大受打击” 时

第 4 章“暗自神伤”时

绪言

1

不小心损坏了自己的心爱之物，伤心欲绝啊！

把损坏看成"个人风格"就好!

因为喜欢 iPhone 的设计，我经常不套手机壳就直接随身携带手机。结果有一天，一不留神把手机给摔了，造成了损坏！

真是心如刀割。

就像这样，有时物品和心灵同时受伤，怎么办呢？给它“编个故事”就好。

也就是说，给它一个“解释”。

譬如我这种情况，因为我正好是去祭拜坂本龙马时摔坏了手机，因此每每看到这道摔痕，我就把它想象成是龙马对我的鼓励：

“小子，加油哟！”

这样想的话，心情反而大好！

伤痕，成为我个人专属的独一无二的设计。

当然，坏事到来的当下，心情一下就郁闷了，人也无精打采了。

这样很正常，也没什么不好。

当这样一种情绪涌上心头时，不应否定它，而应肯定它。

之后，充分利用这个“过去（伤痕）”。

给伤痕加上新的“解释”，继续向期许的未来前进。

其实，我最近换了一个新 iPhone，结果一不小心又摔出了“伤痕”。

但这次不是在龙马墓地那样戏剧性的地方，而是在去拉面店的路上。

这次，我决定给摔伤的 iPhone“起个名字”。

起个名字会令我对它心生怜爱。

不仅如此，每每看到摔痕，想起 iPhone 的名字，都会想要感谢什么，想对它说声“谢谢”。

幸亏有了摔痕，我才有感谢的机会。

这样想的话，就能让我从伤心中恢复过来。

即便是伤痕，若能将它变成创造美好未来的一个契机，伤痕便能成为“希望”。

关于开发出 iPhone 的苹果公司创始人史蒂夫·乔布斯，有这样一段趣闻：一次，乔布斯接受采访时，看到了采访者的 iPod，一下子就不高兴了。一般来说，看见采访者拿着自己开发出来的产品，乔布斯应该感到开心才是。采访者不明所以，紧张起来了，“我是不是做错了什么……”

原来，乔布斯是因为采访者给 iPod 戴上了保护套才不高兴的。

乔布斯如此解释：

“有人不愿意损伤，加了保护套。但伤痕，不正是你个人物品的特色吗？伤痕是美丽的……”

“伤痕是美丽，伤痕是个人风格”，这样的解释能让我们以伤痕为傲了。

其实，人的行动是这样被支配的：

❶ 事件（事实）☞ ❷ 解释（赋予意义）☞ ❸ 情绪 ☞ ❹ 行动

事件（事实）不能直接影响人，事件被“解释（赋予意义）”后会令“情绪”产生变化，紧接着“行为”产生变化，人的“世界”也

跟着变化。

而“解释”事件的方式，可以在 1 秒之内改变。

因此，1 秒就能改变“世界”。

原本，世界是中立的，如纯白的画布一般。而把这个世界变得妙趣横生的，就是你。

本书，聚焦生活中的日常场景，致力寻找使人生变得更加有趣的视角，提供了 70 个此时此刻“看待事物的方式”。

“视角”改变，“认识”便会改变；
“认识”改变，“世界”则会改变。

当你读完这本书，你将会——
变得像翱翔于天空中的鸟儿一般，拥有一个广阔的视角，俯瞰并审视自己的人生。

准备好了吗？

那么，开启这即将改变你一生的旅程吧！

翡翠小太郎

第1章

“大失所望”时

2

自己身边，没有发生任何趣事。如何才能过上有趣的人生？

没有索然无味的“现实”，
只有毫无趣味的“视角”。

这是一位友人参加笑星“吉本[1]”培训班时的故事。

特别讲师千原 junior[2] 来培训班时有这样一段互动。

“您是在什么时候设计段子呢？”

“可以说是现在，也可以说是过去，或者说将来。总之我24 小时都在想着搞笑的事情。”

“为什么您身边总是会有这么多有趣的事情发生呢？”

听到这个问题，千原答道：“并不是只有笑星身边才发生趣事。但是，我们决定活着就是给大家讲笑话，所以总是会碰到有趣的事情。”

总碰到趣事的人，总能在日常生活中看到有趣的一面。

碰不到趣事的人，总是看到事情无趣的一面。差异仅仅如此。

你想在这个世界体验什么？想看到什么？活着时最在乎的是什么？

什么才是你的幸福呢？请一定要想清楚。

我妻子怀孕时，说过这样的话：“没想到街上还有走路的孕妇啊！”

街上原本就有走路的孕妇，但是，妻子以前却从来没有注意到。如果不是因为自己怀孕，她依然看不到。

意识一旦变化，可见的“现实”就开始改变。

因此，你的意识改变之后，下一秒“世界”就改变了。

我们看到的并非完全是现实事物。

我们看到的往往是自己内心深处的东西。
这就是这个世界的巧妙之处。

---

①吉本：全称吉本综合艺能学院（通称 NSC），1982 年创立，是日本培养笑星的大本营。现在拥有的知名笑星包括桂三枝、明石家秋刀鱼等。

②千原 junior：日本的搞笑艺人、主持人和演员。

3

把心仪很久的衣服买来了，却不适合自己，心都碎了。

想象"以后穿着会合身"就行。

前些日子，我跑去购物，试穿了机车服。

机车服给人一种摇滚、硬派和朋克的感觉。

而我本人一向给人一种轻松、柔和、雅致的感觉——正好跟机车服带来的感觉相反。

所以，以前我从未尝试过机车服，这次特别想挑战一下。

但是，穿了之后我照了照镜子，那种不相称让我涨红了脸。我尴尬地对等在试衣间外面的店员说了声“不合适”。

结果店员认真地回答：“请稍等！”

他说：“请稍等，请暂时保留您觉得不合适的意见。”

店员继续说道，“您有没有什么食物是以前讨厌、后来却喜欢的？我是从30岁之后才开始穿机车服的。在那之前一直穿着修身款的夹克，所以对机车服的硬派形象心里有所抵触。但是如今过了50岁，我休息的时候只穿机车服。

“客人，现在您可能觉得这件机车服不合身。但是，未来是否合身，我们是不得而知的。现在合身的衣服，您已经有很多了吧，希望您给自己留下挑战适合未来穿的衣服的机会。”

不是站在现在的自己角度来考虑，
而是以未来的自己为基准来考虑。

挑战适合未来自己的衣服！
这就是时尚，这就是激情。
活着不要想着自己过去如何，而是考虑自己未来能够成为的样子。

重要的不是“迄今为止”，而是“从今往后”。

4

去了期盼很久的餐厅，结果，对方临时休业。这也太倒霉了吧！

为此，不得不进了一家生意冷清的店。之后，财运上升。

想去光顾的店，一直都很期待去的店却歇业了，相当受打击吧。这种心情，我很能理解。我也曾经在下班之后，急急忙忙赶到自己最爱的拉面店，才发现那天竟然是那家店的休息日。我差点忍不住落泪了！

一般在这个时候，我都会选择去附近生意最冷清的店。

因为去生意冷清的店吃饭，你的财运会上升。

这是从心理学博士小林正观[①]先生处学来的。他认为“金钱也有情绪”，金钱跟人一样，“受欢迎就会开心”。

越是生意冷清的店，金钱就越受店家欢迎。而且，钱有这样一种特性：谁花的钱更受欢迎，钱就会往这个人身边聚集。

也就是说，“在生意冷清的店花钱＝个人财运上升”这个等式成立。

这样想的话，去人气很高的美食店是一种幸福；去人气不佳的店也是一种幸福。两者都很幸福！

其实艺人萩本钦一[②]先生也在践行着同样的事情。听说阿钦去外地都会乘出租车，让司机带他去找排着长队的人气拉面店。排长队的店周围往往都有生意被抢而人气不足的店。阿钦则专门去这种生意冷清的店消费。

在这些店里，只要说“这里的菜真好吃啊”，店主便会开怀一笑。

阿钦当然不是为了财运才这样做，他只是想看到这样的开怀一笑。

吃饭，是悦己的行为。但是，在阿钦这里，就连吃饭的行为也变成了悦人的行为。

不愧是被称为“收视率 100% 男人[③]”的阿钦，他的想法果然独特。

“赠人玫瑰，手有余香。”悦人终会悦己。

---

① 小林正观（1948–2011）：日本作家，心理学博士，教育学博士，社会学博士。

② 萩本钦一：日本男喜剧演员，知名主持人。阿钦是观众对他的爱称。

③ 收视率 100% 男人：萩本钦一主持了一系列收视率高达 30%~40% 的节目。这些节目的收视率加在一起，萩本钦一就有了“收视率 100% 男人”的雅号。

5

没人记得自己的生日，
真想大哭一场。

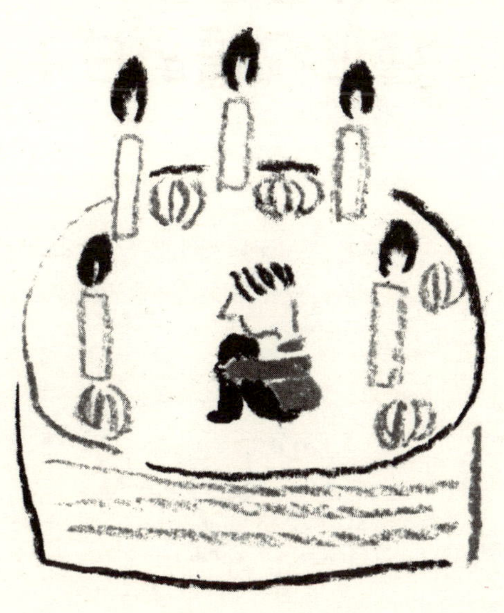

自己的生日
是为母亲
送上祝福的日子。

福山雅治，每年的2月6日这一天都会送母亲一束鲜花。

是啊，对福山来说，生日就是要跟母亲说句“谢谢您生下我”的日子。

珍惜身边最亲密的人，这种人是值得信赖的。你也是这样认为的吧?

这是最了不起的人。

这样了不起的人，上天是不会坐视不管的。

你一定会在下个生日之前，遇到那个会帮你庆生的、非常棒的人。

一开始就期待有人能帮自己庆生，所以才会在没人给自己过生日时感觉孤单吧。

如果不期待别人帮自己庆生，自己反而选择去祝福父母，心情就畅快了。

自己绝对创造不了的奇迹，就是把自己带到这个世界上。

也就是你出生时，你父母所创造的奇迹。

如果当面感谢他们觉得难为情的话，写信也可以。

即便如此你还难为情，那么就用手语吧!

如果难以当着父母的面表达感谢，就请你满怀深情，向着天空说:

“谢谢您生下我!”

“谢谢您!”

因为这样的话语，会传到天堂。

6

错过了非坐不可的电车，整个人都不好了。

No problem！

挺起胸膛——我可没有因此耽误人生！

这是朋友的大学老师去印度时发生的故事。

有一趟电车是这位老师非坐不可的。为了乘坐这趟电车，他打车前往，并拜托司机“一定要快”，结果却堵车了……

他跟司机说：“真是头疼啊！”司机却如此答道：

“如果赶不上那班电车，也许会耽误工作。但是你的人生没有耽误吧？”

真不愧是发明了“0（零）的概念”的印度。

虽不太理解，但却有说服力。（笑）

没赶上电车，事情无法挽回，也就只好接受了。

事已至此，比起焦躁不安的状态，还不如挺起胸膛，想想“人生没有被耽误”这句话，之后心情也就舒畅了。

即便狂奔到车站，但还是没有赶上电车的人，请这样想：“幸亏赶车，我才好好运动了一下。”“也许因此瘦了一点儿吧！”“今天的晚饭会吃得很香吧！”（笑）

7

被好友挖墙脚了，简直生不如死啊！

30年后，
你会放下此事，
感谢好友吧！

出生于 1911 年，已经一百多岁的爷爷在“回首人生百年”的系列讲座中，讲到了初恋的往事。

在青葱的学生时代，爷爷向好友介绍了自己的初恋女友。结果，他慢慢感到与女友相处时的气氛变得异样了。

结果有一天，爷爷竟然撞见了好友正与自己的女友约会——自己竟被好友夺了女友。

爷爷震惊到说不出话来……

时间过去了 30 年。

有一天，爷爷在新宿站的站台上，被一位女士叫住了。

“谁啊？”爷爷回头一看，这不是以前的女友吗？

虽然已过去了 30 年，爷爷和初恋女友还是认出了彼此。

看着 30 年前的初恋女友，爷爷放下了心中的那块石头。

“那时分手了真是太好了！”（听众因此哄堂大笑）

再伤心的事，有一天都会成为段子。

一笑而过的那天终究会到来的。

所以，不要紧。

8

掉头发掉得快成秃头了，太悲催了。

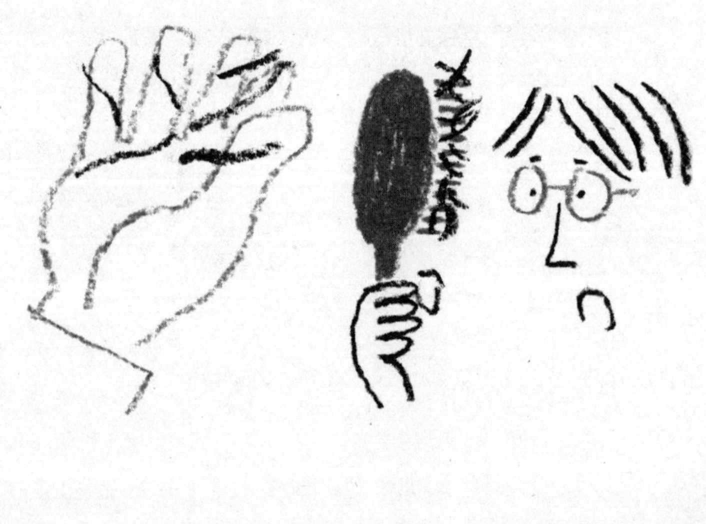

那么，没有掉的头发，
你有感谢过它们吗？

从你出生开始，你的心脏就不停地为你跳动；就连吃掉并消化食物的过程，也不受你意志的控制。

身体，24 小时不间断地工作都是为了让你活下去，为了你。

那么，你因此感谢过身体吗？

我的一个亲戚得了癌症，我和母亲一起去探病。亲戚的头发因抗癌剂而掉落在床上。母亲看到头发，就说：

“头发哟，为了你，这么努力呢！”

说着还温柔地抚摸起亲戚的头发来。亲戚感到非常诧异。

听说亲戚在此之前，只要一看到脱落的头发心情就会不好。当他听完母亲的这番话后，竟对脱落的头发心生怜爱，表情也真的一下变得欢快起来。看事情的角度不同，情绪瞬间都不同了。

我问母亲：“妈，你为什么能够这样看问题呢？”

“那当然是因为我把你的 30 本书都读了 3 遍啊！”

这样的父母，真是世间少有。（笑）

人，牙痛时便会抱怨，但是牙好时却从不感谢。

头发掉时便会发牢骚，不掉时却毫不感谢。

总是为了你而拼命努力的身体，你偶尔也要慰劳一下它才是。

一边对它说“谢谢”，一边按摩全身。

顺便提一下，我每个月要做两次全身按摩来犒劳身体。

感谢身体，也就是重视自己。

你重视自己后，不可思议的是，也会得到周围人的重视。

9

刚买的心爱茶杯，
还没用就碎了。

破财消灾了，
高呼三声“万岁”。

我的母亲再度登场了。

我的母亲，有时比较迷糊，还经常打碎盘子。尤其她出门前总是慌慌张张的，往往会把什么东西摔坏。

以前每次母亲都会觉得“不吉利”，心情也就不舒坦了。

但是，她是培养了独特视角专家——翡翠小太郎的母亲，为这点小事就把心情搞得不愉快的话，实在是有辱“翡翠母亲”的名声。

于是，她有了一个想法。

对啦！摔坏的盘子是替我挡灾了！

这样想的话，她就对打碎的盘子心生感激：“谢谢你为了我……”

不愧是“翡翠之母”！（笑）

其实，在中国也有同样的观点。

有占卜师认为，旅行前献血会令旅途安全。

“事前流血的话，就能消灾”，想必是同样的意思吧。

除此之外，打碎盘子，可以认为是“打破束缚自己的东西，终于能做自己了”！

心情是沉重，还是轻松？

取决于你的一个看法。

10

周围人不断地问：“你最近是不是长胖了？”

这样反驳：我没有长胖，
只是锻炼得松软了而已。

一直听说艺人非常受欢迎。

关于她们受欢迎的秘密，我曾请教过艺人。比如说，要是被别人讲“最近你头发越来越少了嘛”，一般人肯定会备受打击。但是，艺人却会如此回答：

开什么玩笑！我哪里秃头了？
再等等看，因为到了春天头发就会长出来了！

要是别人又继续刁钻地问：“头发是植物啊！”艺人则会回答：

“是很好吃哦！”

这样就会让人哑口无言吧。（笑）

要是被问“最近胖了吗”，艺人会这样回答：

我哪里胖了？这个身体啊——
这个软绵绵的身体，是让我给锻炼得松软了。

艺人轻松地自嘲缺点，就一下拉近了与对方的距离。比起一直喋喋不休地讲述自己的光荣史，自嘲缺点和自爆短处绝对更加潇洒。艺人因此而招人喜爱。

只有坦然接受自己的缺点后，才能把它变成段子。

于是缺点也会变得可爱，为你增添几分魅力。

以前遇到一个社长，他会根据员工的缺点或弱项设定一个娃娃角色。

不会察言观色的人，就被叫作“没眼色娃娃”；喋喋不休的人，就被叫作“喋喋不休娃娃”。

如果周围人能笑着认可自己的缺点和弱项，当事人也会轻松吧。

11

你想与子偕老，恋人却说："其实我没那么喜欢你。"

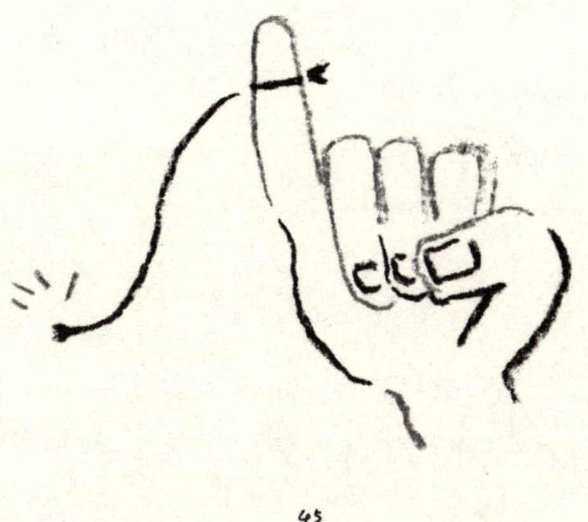

失恋就是祝福！
失恋就是成为史上最好的自己的机会！

栗城史多[1]无论在外形上还是体格上，都像个大学生，完全看不出来是一位登山家。他成功登顶了世界七大洲中六大洲的最高峰。不到29岁的栗城，已经成功登顶了三座海拔8000米以上的高峰，而且是在单人无氧的条件下登顶的。

但是栗城本人原本并不喜欢登山。那时，他没有梦想，每天只是浑浑噩噩地度日。但是他有一个愿望，那就是跟当时交往的女友结婚。他们是从高三时就开始交往的，他问她喜欢什么样的人，女友说自己喜欢之人的条件是：

1. 大学毕业。
2. 有车。
3. 公务员。

“如果是那样的话……”在这之后，栗城兼职做保安并拼命存钱，后来也上了大学，买了车。这样就能得到女友的认可了，栗城在约会前是这么想的。不料约会的当天，女友压根儿没有正眼看他一眼，问她原因，她也不讲。

最后女友说了一句：

“虽然跟你交往了两年，但是我没那么喜欢你。”

就这样被女友给甩了。栗城开始把自己锁在房间里闭门不出。他连站起来的力气都没有，只是躺着。直到有一天翻开被套，他发现被套里竟然长出了与自己身体一样形状的黑色霉菌。

“这样下去可不行。我必须开始做点什么。”

这样想的时候，栗城脑海里出现的仍是之前的女友。

---

① 栗城史多：日本的登山家，企业家。

女友酷爱登山。她为什么要去登山呢？栗城想要亲身体验女友看到的世界。

这就是登山家栗城史多与登山结缘的故事。

悲伤的时候，可以像栗城一样尽情地哭泣。

然后，一直睡到发霉，再重新振作。（笑）

所有击倒你的事情，都是为了让你超越自己而存在的。

糟糕的时候，反而不必顾虑。

磨难全都是让你改变自己的机会。

你不会失去什么，这是一个很好的机会。正因为有了所有的可能性，你才可能会迈出你从未体验过的全新的一步。

12

人生，突然跌入谷底[①]（DONZOKO）。

① 谷底：日语原文为“どん底”，罗马字为“DONZOKO”。

大叫一声“人生ZUNDOKO[①]”

① 日语中并无此词，只是因为有人把谷底“DONZOKO”说成了“ZUNDOKO”。不过日本有首歌《ZUNDOKO节》里面有一句是：“zun zun zun zundoko zun zun zun zundoko。”这句歌词并无实际意思，只是充满节奏感。

作家森沢明夫先生有位会讲双语的朋友。这位朋友一次因某件事情烦恼时，冷不丁地说了一句话。那就是：

“人生，真是 ZUNDOKO……”

大概是因为英语学得太多了，一下子忘掉了“谷底(DONZOKO)”的日语发音，而随口说出了“ZUNDOKO”。大家笑得前俯后仰，心情都变得很好。（笑）

即便是人生的谷底（DONZOKO），只要说一句“ZUNDOKO”，心情就会一下轻松很多吧。大家试试看，在心情很不好的时候，稍微努力下，说 13 回“ZUNDOKO”。

说好了吗？一定要说哦。因为它能让我们精神变好。（笑）

说法稍微改变，心情立马不同。

仅仅把“胃癌[①]”说成“胃膨[②]”的话，就会觉得好像能够治愈吧。

在日常生活中加入“ぱぴぷぺぽ[③]”的话，感觉一下子就不一样了。请一定要试一试。

---

① “胃癌”对应的日语原文是“胃ガン”，“ガン”是癌的意思。
②“胃膨”，译者音译。对应的日语原文是“胃ポン”，这不是规范的日语。日常生活中，为了减轻“ガン－癌”这个字对人的冲击力，故意把它换成“ポン－膨”这个读音。
③ 日语五十音图中的一行发音。日语的五十音图相当于汉语中的拼音表。其中“ぱぴぷぺぽ”，罗马读音为“PAPIPUPEPO”，是日语发音中仅有的一组半元音发音，日本人觉得这组发音很可爱。

13

但是，现在感觉自己
还是身处谷底啊！

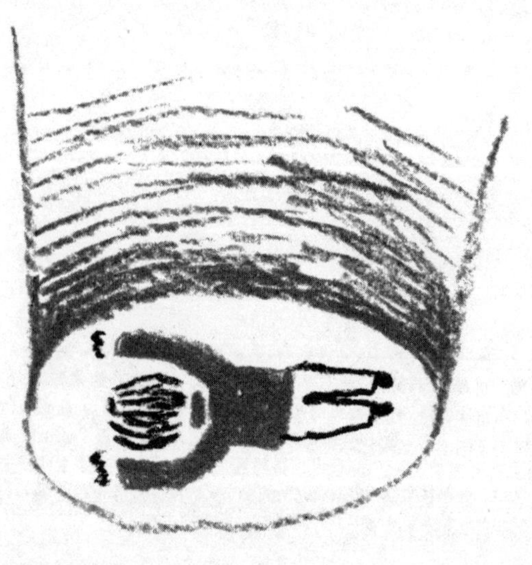

人生的宝物，

肯定有掉落在谷底的。

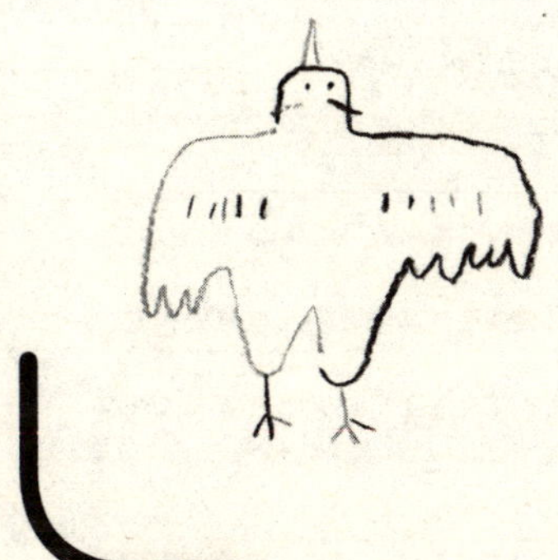

保罗·麦卡特尼[1] 14 岁时，母亲因为癌症撒手人寰。为了走出丧母的悲痛，他埋头于吉他练习。

约翰·列侬[2]在 17 岁的时候，母亲因交通事故去世，为了走出伤痛，他也埋头于音乐。

他们两人都在走出丧母伤痛的过程中，令自己在音乐上的悟性突飞猛进。随之横空出世的，则是披头士。

保罗曾如此说起约翰："即使多年过去了，我们仍曾多次感到悲痛，也一起哭过。"但震撼世界的两人就是在这些时候有了深深的友谊的。身处谷底时，一定会有希望的种子掉下来。

再举一个别的例子。这是咨询顾问小田真嘉[3]告诉我的故事。

海中，海带飘荡。

但是海里为什么不出汤汁，你知道吗？

海带、香菇和木鱼，熬汤汁所需的这三种材料有一个共同点，那就是——要晒干。

一旦没有晒干，是不会出汁的。

是啊，身处谷底时是挖掘"自我"的好时机。

人在谷底，可以遇见"自我"这个宝物。

"谷底"万岁！

---

① 保罗·麦卡特尼（Paul McCartney）：英国摇滚乐队"披头士"成员之一，音乐家、创作歌手及作曲家。

② 约翰·列侬（John Lennon）：英国摇滚乐队"披头士"成员之一，摇滚音乐家、诗人和社会活动家。

③ 小田真嘉：经营顾问。担任老字号铺子、一流企业经营者、畅销书作者和人气讲师等的顾问。

14

亲人去世了，
痛不欲生。

人会死两次，肉体的
死和记忆的死。
只要你还记得，
那个人，便还活着。

不知从何时开始，我只要身处某个场景，便会感到非常害怕。自己身体中的这种“恐惧感”到底从何而来，我一直百思不得其解。突然有一天，我想起了一件尘封已久的往事……

我上幼儿园时，非常喜欢某位老师。突然有一天，这位我十分喜欢的女老师被人杀害了。这个事件给我幼小的心灵造成很大的冲击，于是自己下意识地封存了这段记忆。

但是，这个封存已久的记忆，却在去年突然苏醒了。

我想起了自己小学的时候，如果不反复多次地去查看门窗是否锁好，就会非常不安。每天家中的门窗都是我锁的。另外，我还会在起雾的玻璃窗上，用手指写下“幸福”二字。我因老师被害而深受刺激，害怕不幸会突然降临，在玻璃窗上写下的“幸福”二字，就像是封印恐惧的咒语。

正因如此，我才会一直无意识地追寻：人怎样做才能变得幸福？人死后会变成什么样？人从哪里来，又往哪里去？

如今，我从事向人们传达“人怎样做才能变得幸福”的工作。我真心地从这份工作中收获了开心。

我在想“为什么我能够做这些”时，突然发现，这都是因为老师的缘故。想到此处，我顿时泪流满面。

因为我意识到老师在我心中对我微笑。

是啊！老师还一直活在我的心中。为了指引我走上这条道路，老师一直都和我在一起。作为我的天使、我的守护神，老师一直活在我的心中。老师，谢谢您。

人的灵魂与肉体虽然分离了，但却并未完全消失。

只要还在你的记忆中，你所珍爱的人就会一直活着。

他们总是伴你左右，一直温柔地呵护着你，守候着你。

15

一到下雨天，情绪就莫名低落。

下雨天，
农户会很开心吧。

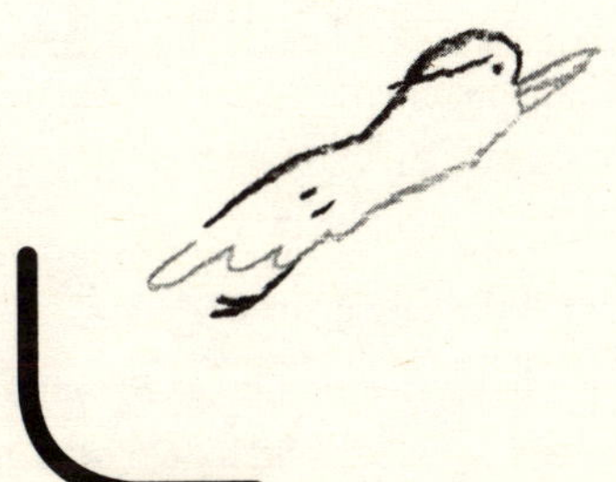

我曾经拜访过种水稻时不打农药的农户。

这家农户精心地种植水稻。要是连续几日气温低的话，为了不让水面结冰，他就会把很多热水拎去稻田，为水稻加热。

就像孩子发热的时候，一直寸步不离照料孩子的母亲那样，他用心照料着水稻。

“土地的情况怎样”“水的情形怎样”“杂草又如何了”……他总是惦记着水稻。

农户说：“要说种稻后给我带来的变化，那就是下雨天会开心。”

我们平常会说“啊，今天下雨啊”，并因此烦恼，但对于水稻而言，对于农户而言，下雨天却是带来最好恩赐的时候。

从此，每当下雨的日子，我的脑海里便会浮现出农户的笑颜。

下雨意味着湿润，可以解释为天神喜悦。

这样的话，天晴时心情舒畅，下雨时也心情愉悦。

这个世界里，对“好天气”没有绝对的定义。

是否是好天气，你来决定就好。

“下雨的日子，和雨结伴；起风的日子，与风同行。”

——相田光男[①]

---

① 相田光男（1924 - 1991），日本著名诗人，书法家。

Take a bird's-eye view of your life.
翡翠应对负面情绪的妙招①

话虽如此，但还是没办法想得那么乐观。

给这样的你——

被负面情绪缠绕时，我们就无法冷静地解释现实。

为此，我会传授大家几个应对负面情绪的妙招。

首先，将“自己的情绪”看作“他人”的。

不进行否定，直面自己真实的情绪。

不知不觉，我们总是容易否定自己真实的情绪。

比如，我们本来觉得“讨厌”，但是却自我否定，想着“觉得讨厌可不行啊”“自己这样想可不好啊”，等等。

其实，就算觉得“那家伙，不可饶恕”，也没什么不行。

不必勉强自己喜欢上讨厌的人。

不要把自己的真实体会用“好”和“坏”来判断，能完全坦然地接受自己的情绪，就是伟大的第一步。

“这样的自己不好”，这种自我否定的话会令自己心生反感。在海里溺水的时候，想要马上浮上水面的关键，就是要放松。不要以“好”和“坏”来判断自我情绪，要如实地感受它，这样做，反感就会减少，就会一下“浮上水面”。

浮起之后，我们就自由了。

无拘无束地解释现实，你可以去你想去的地方。

【这样来应对负面情绪 步骤一】

确定讨厌的情绪来自身体何处，
再给它取个名字。

把“讨厌的情绪”视作寄居在自己身体中的“他人”（调皮学生）。

把自己的情绪视作“他人”后，就比较容易客观看待了。

而且，调皮学生如果得不到认可的话，是会调皮捣蛋的；而在认可他的老师面前，就会变成充满活力的好学生。情绪也是如此。

生气、不安、恐惧和嫉妒等这些讨厌情绪的存在，也没什么大不了的。

只需要给这些情绪找一个可以待的地方。

具体怎么做呢？先确定情绪存在的部位，然后给它取名。

作为身体的感觉，情绪与身体联系在一起。所以首先，我们要先自问“这样讨厌的情绪，到底能在身体何处被感受到呢？”

◎ 责任太重产生的痛苦一般被说成是“肩上担子很重”，肩膀上出现情况的时候多。

◎ 想要说的话却无法说出，感情被压抑时则在喉咙上体现出来。

◎ “心里空出了一个洞”，缺少爱情或孤独感浓厚，甚至自我厌恶时，则体现在心。

◎ 勉强自己做不喜欢的事，导致精神紧张时，则在胃上表现出来（好像胃那里空出了一个洞）。

◎ 不安、恐惧，或者生气时，多体现在下腹。

如果确定了情绪所在的身体部位，下一步，则是给它取一个可爱的名字。

这样的话，我们就会将情绪和自我分开，从而能更加客观地面对自己的情绪。

比如，被人批评了，心里不舒服的时候，我是怎么做的呢？

首先，我先感觉不舒服的身体部位。我确定位置是在下腹。下腹的这种不舒服感我给它取名为“小 puppy[①]”，就像跟好友形影不离一样，来感受“小 puppy”。

用 3 分钟来感受它，不爽的感觉一下就变成温暖了。

---

① puppy：一般是对小狗的昵称，此处引申为对不舒服感觉的爱称。中文一般直接采用英文叫法“puppy”，无对应的汉字。

不要否定不愉快的情绪，
包容它，
心里一下就变暖了。

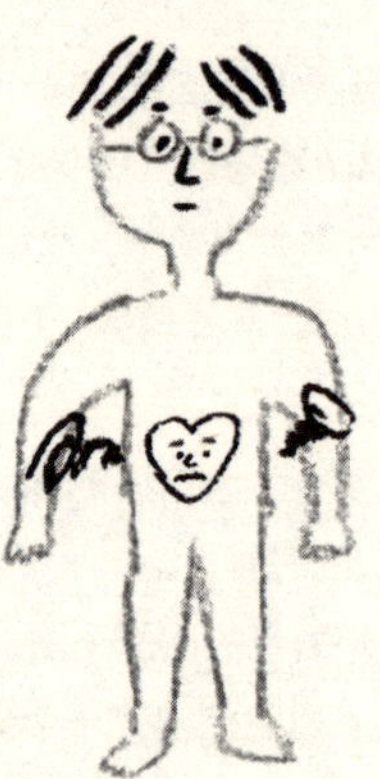

这个方法，非常不可思议，请一定要尝试一下。

把手放在不舒服的地方摸摸，说“好了好了”，就舒服了。

【这样应对负面情绪 步骤二】
讨厌的情绪如果能开口说话，
它会说些什么呢，请听听它的说辞。

步骤一是确定身体不舒服的部位并给它起名，步骤二则是听情绪的说辞（真心话）。

比如我，是给讨厌的情绪取名为“小 puppy”。

“小 puppy 如果能开口的话，它会说些什么呢？”

听听小 puppy 的全部说辞。

“小 puppy，你这么生气到底是为什么啊？”

“是什么让你这么害怕？”

“一切都好转之后，你准备怎样？”

如此等等，全面地听听小 puppy 的所有想法。

等你理解情绪之后，“其实只是因为没有被重视”“想要做这件事”等，内心深处的“想法”就会被引出来。

坦然承认它们的话，下次，情绪这种能量便会成为你的朋友。
情绪并非想让你痛苦。
它们只是想让你承认。

第2章

“焦躁不安”时

16

结婚多年，每天相看两厌，生活还有转机吗？

直接
死心吧！

来说个朋友的例子。我的朋友和他夫人，已经连续10年以上每月必有一次大吵。但是，自从某天之后，他们就再也不吵架了，彼此待在家中的心情也变得舒畅起来。朋友觉得很诧异，就询问了他夫人。

“最近，我觉得待在家里很舒服，发生什么事了？”

夫人如此答道：

“因为我决定再也不指望你了！”

即使已经约好了要去哪里，朋友也经常因为宿醉去不了。每每如此，两人就会吵架。但是，从某一天开始，夫人决定再也不指望他了。现在即使说好了要一起出去，但是不到当天是不确定的。抱着这样的想法，夫人再也不心烦了。

看着这样的妻子，朋友也洗心革面。要是从前，半夜肚子饿了，他就会让妻子“给我做点夜宵”，现在他就自己动手煮拉面，自己洗碗。

自己能做的事情就不指望对方。于是，夫妻两人的关系变得和睦，后来居然生下了第四个孩子。哇——

不指望对方，多棒啊！（笑）

“死心”原本的意思是“掌握事情的道理，弄清原因和结果”。

换句话说，死心指的是看明白。讲了多次对方都没法做到的话，说明“这家伙就是这样的人”，清楚这一点就好了。

在这之后，忽视对方的缺点，关注其优点。

想要改变对方时就会一直吵架。相反，不试图去改变对方，而是接受对方本来的样子，两人的关系就会改变。

关系，是“我”和“你”共同建立的。

因此，自己改变的话，关系也会瞬间改变。

17

喋喋不休的父母或老师，真是让人受够了。

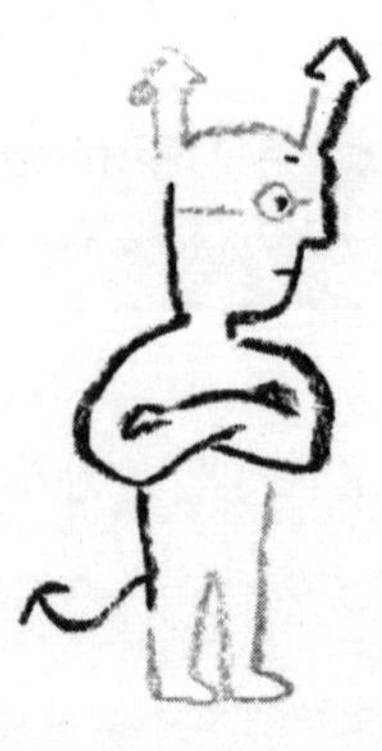

你受够的事情，
会帮你打好“根基”。

我曾参加过一个能从出生日期推算自己个性的研讨活动。

根据其推算，我是“孩子星[①]”，分析说我是“用孩童般的好奇心和行动力来扩展自己知识面的人”。

因为是孩子，所以不擅长处理错综复杂的人际关系，遇到问题时马上就想逃离。最怕打发无聊的时间，而且还容易放弃。但是，另一方面，要是被表扬了，尾巴就会翘到天上去。简直太准了。

所以大家，不要客气，多多表扬我吧！（笑）

接下来的解释，却令我落泪了。

“孩子星的人，还保持着孩童般的纯真。虽然可以用孩童般的好奇心和行动力丰富自己的知识，但是却完全没有‘反复操练能力’‘持续力’及‘忍耐力’，这三种能力——完全没有。”

听了这段话我为什么会流泪呢？

那是因为这三项是我最擅长的方面。

也因此我才能连续2000天以上，不间断地每天更新博客和电子杂志。

小时候，我讨厌父亲。因为他对我非常严格，每天都对我说“给我去学习”。因为父亲爱唠叨，我初中的时候，即便周末也会在家学习8个小时。大学时代，我曾经也憎恨过父亲——因为不能跟朋友玩，只能学习，所以个性很沉闷，也因此交不到女友。

但是多亏了父亲，我才获得了反复操练能力、持续力和忍耐力这三种能力。

---

① 孩子星：来自某种占卜术理论，根据出生日期将人群分为六类，“父亲星”“母亲星”“孩子星”“体育星”“现实世界星”和“精神世界星”。

因为就连最讨厌的学习也能每天坚持 8 个小时，要是做自己喜欢的事，不管多久我都能集中注意力去做。

我最大的缺点，父亲在我小时候就帮我改正过来了。
父亲，高兴得快落泪了吧。
我现在能如此幸福，父亲功不可没。

咨询顾问福岛正伸[①]先生说过：
“天晴长叶子，下雨长树根。”

你受够的事情，会帮你打好根基。

---

① 福岛正伸（1958-）：早稻田大学毕业后，挑战各种事业，作为培养自立型人才、创立新事业专家等，进行演讲活动。

18

身边的人喜欢抱怨，口头禅是“真吃力”“真麻烦”……

这个人的“兴趣”
就是“吃力”。
他对此毫不在意。

以好坏来思考一件事的话，就会“产生”坏人，之后就会引出评断。

最终，就会爆发战争。

但是如果视为“兴趣”“爱好”的话，这就变成仅仅是兴趣不同了。

是喜欢交响乐还是摇滚，抑或是演歌呢？咖喱是喜欢辣味的呢，还是甜味的呢？（我是绝对的甜味派）

把这些都视为小差异的话，就不会有争吵了。

不要用“好”“坏”来判断一件事，所有的不同都只是“兴趣不同”。

视为“艺术风格不同”也可以！（笑）

于是，我们待人都能温和起来。

另外，还可以这样考虑。把诸如“累坏了”“太严格”“真麻烦”“不愿意”“真讨厌”“不想做”“但是……”这一类消极话语挂在嘴上的人，视为小学1年级的学生。经常说“真开心啊”“真愉快啊”“谢谢了”“真走运”“我爱你”这些积极话语的人，你则可以把他视为小学6年级学生。1年级的学生有1年级学生的经历，6年级的学生有6年级学生的经历。

口头禅是消极词语的人，现在，正处在1年级学生时期。但他不可能一直都处在这个时期。而你是否能一如既往，即使身边有这样的人也能不受其影响地快乐生活呢。这就是考验你的时候。

请记住“现在就是这个时期”的观点。

爱与和平，会在我们不以“好”“坏”判断事情时生根发芽。

不裁定别人 = 不裁定自己。

不从内心裁定别人的话，也就没有外部世界的战争了。

19

时间总是不够用。
怎么办？

实际上，必做之事，
一件都没有。

“实际上，必做之事，一件都没有！”
这样大声说三次，
你就能放轻松了。

呼~

好了，轻松了。
原本，就没有什么必做之事。
因为我们死去时，不能带走任何一样东西。
赤条条地来到这世上，再一无所有地离开。
既没有什么必做之事。
也没有什么必得之物。

拥有“没有什么必做之事”想法的前提是，要认识到

“自己是如此完美的存在”。

游刃有余中，孕育着人的潜力。
游刃有余中，生命才能发芽。

就像花美、风清、水净不需要什么依据一样，你也是完美的，这一点不需要任何证明。

不是你终将变得完美。
此时、此刻你已完美。

20

我讨厌所有的同事！我是不是疯了？

一切都是刚刚好。

我将这段话转赠给你：

一切都是刚刚好。
对于现在的你，现在的丈夫刚刚好。
对于现在的你，现在的妻子刚刚好。
对于现在的你，现在的孩子刚刚好。
对于现在的你，现在的父母刚刚好。
对于现在的你，现在的兄弟刚刚好。
对于现在的你，现在的朋友刚刚好。
对于现在的你，现在的工作刚刚好。
就连死亡的日子，也是刚刚好。
一切都是刚刚好。

此时此刻，眼前之人，周围的环境，发生的事情，所有的一切对你而言都是刚刚好。所有发生之事，都是必然。“虽说如此，但是这件事绝对是那个家伙的错！真可恶！”这样想的时候，也是有的吧？

我也经常认为：“这件事是老婆错了！”（笑）但是，只要把错误归咎于别处：“那人不好”“那人真讨厌”，等等，自己就不用改变了，也就是说，自己可以待在所谓的安全范围内。这样真的就行了吗？

我们，是为了让自己成长才来到这世上的。

而并非是为了怪罪别人才来到这世上的。因此，不管发生什么，都请以此为契机，不断改变自己。以外界发生之事为契机，来改变自己的内心。这才是我们生下来的意义。而且，反过来说，如果现在的你开始改变，马上就会发生对你“刚刚好”的事情。

21

孩子总不听话，
啊，
我快气炸了！

试着把孩子想成是为了帮助父母，从天国气喘吁吁赶到凡间的“天使”。

我帮一本育儿杂志写连载文章。文章里记录了很多孩子的名言，我将其汇总成一本书，书名是《孩子都是天才》。

孩子们都说是为了“帮助妈妈才来到这世上的”。

朋友的孩子曾这样说：“萨拉呀，是为了帮助妈妈才出生的哦。在天国上，大家都在排队，我是跑着超过了其他人，才急急忙忙地赶来了。”

孩子是为了助妈妈一臂之力，努力地跑着，超过别人来到这世上。要是如此认为的话，难道不会想着“要对孩子好一点吗”？

我这样说，可能被人误以为我只是嘴上说说，装成一个好人。其实，长女出生后15年，儿子出生后13年，我一次都没有“凶”过他们。

因为我一直把孩子视为神明。

对孩子，就应该怀着如明石家秋刀鱼[①]那样，“活着就是赚到了”的心情。

“谢谢你来到我的身边”，

如果只有这样的想法，可能还是会忍不住骂孩子。

如果把孩子视为神明的话，你就会注意了，绝对不会大声斥责他们。

把妻子也视为神明。

比起孩子来，有点困难。

不对，是相当困难。（笑）

---

① 明石家秋刀鱼：本名杉本高文，是日本的落语家，搞笑艺人，演员和主持人。

22

总被妻子抱怨喷嚏声太响了……

邀请妻子去著名的
星野度假村,
“谢谢你一直包容我”,
慰劳妻子的时机来了。

要是被妻子嫌弃“喷嚏声太大了，让人生气”，就将此视为“跟妻子去著名的星野度假村的时机到了”。

原因在于，当妻子说你的喷嚏声太大了——这就不仅仅是打喷嚏的问题了。

但是这个时候，恐怕妻子自己也没有意识到。

就如水不到 100 度不会沸腾一样，
80 度、90 度……
其实妻子一直在容忍你。

经过长时间的忍耐，就会越过妻子“100 度”的忍耐极限。
这就是问题所在。
以身试法，经历过“超过 100 度事件”的我说的，肯定没错。(笑)

面对这样的状况，暂且不谈自己想说的话，真心诚意地面对对方，诚心诚意地洗耳恭听对方的不满。

Dead or alive?

除此之外，别无他法。(笑)
拥抱并感谢一直包容自己到“99 度”的妻子。

23

就想发牢骚，就是不想上进！该怎么办？

发过牢骚之后，再加一句“我表达的是‘积极向上’的意思”。

想发牢骚，不用顾忌随便说吧。
但是，发完牢骚后，加一句“我表达的是‘积极向上’的意思”。
比如这样使用：

“总觉得烦躁。**我表达的是‘积极向上’的意思！**”
“只有那家伙我是不会原谅的。**我表达的是‘积极向上’的意思！**”
“这个，不好吃啊！**我表达的是‘积极向上’的意思！**”
“那个领导，真是脑子坏了！**我表达的是‘积极向上’的意思！**”
“好像胖了一点。**我表达的是‘积极向上’的意思！**”
“被公司开除了。**我表达的是‘积极向上’的意思！**”

这样一来，每次发牢骚都能把自己逗乐了。
用快乐的语调发牢骚，用歌剧风发牢骚都行。
牢骚也好、毒舌也罢，若能博人一笑，也是不错的。

24

下属做事完全不让人省心，真是满头包啊！

先不谈下属，你自己做的事情也无法完全如己所愿吧？

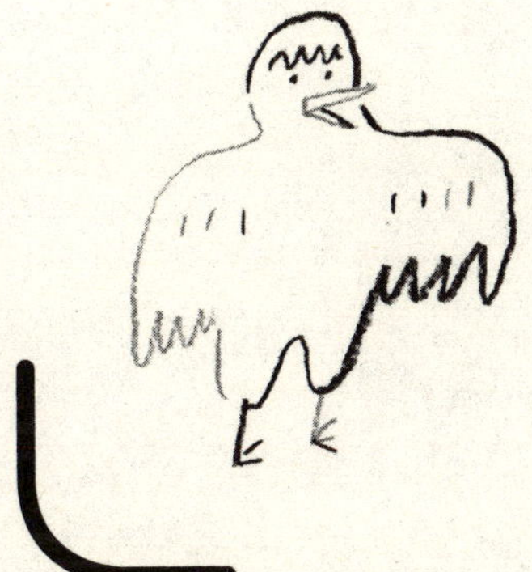

你总能让自己如愿以偿吗？

你想要一个月“减 5 千克”，想要房间一直保持整洁，类似的必做之事，总是能够马上着手去做吗？

很难吧？我也做不到。（笑）

自己都无法按照自己的意愿去做事情，
何况让他人按照自己的意愿去做呢，这就更不可能了。

因此，别人不按照“我的想法”去做，不应该因此不满；别人照“我的意愿”做到之事，则应视为奇迹，之后每天加以感谢。

对于那些整天对我们发牢骚的人，我们不会想着为他们做点什么的。

对于那些不重视我们的人，我们也不会为他们做点什么的。

但对于对我们抱有感激之情的人，我们就会设法为他出力，也愿意跟对自己抱有感激之情的人在一起。

上司最重要的工作，就是感激下属。

成长，并不意味着长大，
而是变得能够感谢小事。

25

总觉得自己才是对的，别人都错了。

100%，对方也是
这么认为的。

“有钱就是幸福”，这句话适用于所有人吗？

世界上虽有钱但不幸的人，也是有很多的。在过去甚至出现了有人扔掉1亿日元的事件。所以，在这世上，也有人是想要扔掉钱的。

那么，健康长寿就是幸福。

大家会认为这是真理吧？

不，不对。

世界上也有人“想要早点死去”。

这样，100%适用于所有人的真理，这世上并不存在。

但有一个除外。

实际上，适用于所有人的真理有且只有一个。

那就是自认为“自己很正确”。

100%的人都是这样想的。

就算是那些自杀的人，也会觉得“在这样的情况下，我别无选择。我是正确的”。

正因为大家都觉得“自己是正确的”，所以在人类历史上，战争从来都没有停歇过。

在你觉得对方错误的时候，对方也同样这样认为。

首先我们要认识到这点。这是伟大的第一步。

之后的下一步是试着站在对方的立场上。

请接着往下看。

26

极度讨厌上司，每天怀着上坟的心情去上班。

对方也是对的。
先试着这样考虑一次。

有两个小朋友，在电车中大声地嚷嚷，跑来跑去。其他乘客都因吵闹声皱着眉头。小朋友的父亲却没有管教孩子，一直看着窗外……

畅销书《高效人士的七个习惯》的作者史蒂芬·柯维[①]博士，正好在电车中，他注意到了这个情景。于是，柯维博士走到孩子父亲的身旁，对他说：“孩子们在吵闹，请稍微管教一下。”

孩子的父亲一下子抬起了头：“啊，不好意思。是啊，必须管教才是！”他非常不好意思地道了歉。接着又继续说道，“不好意思。虽然我必须管教一下孩子——但今天我的妻子刚刚离世。我还不知道怎么跟孩子说他们的妈妈已经去世了。我刚才一直在想怎么开口。”

听完这番话，柯维博士的身上发生了范式转换[②]。他对人生有了全新的领悟。

无论是谁，都有可能身处无可奈何之中。

尝试一次完全站在对方立场上的倾听，就如同对方的辩护律师那样，牢记从对方的立场上来看世界，这就是温柔。

比如我的妻子，她非常爱整洁。我每天都要挨批，因为我一会儿就会把房间弄脏弄乱。妻子小时候生长在脏乱的环境里，家人对此却毫不在意，所以一直以来她都想着自己一定要把家整理得干干净净。

也就是说，“爱干净”是由她的爱出发而形成的一种性格。

如果百分之百地站在对方的立场上来看问题，仍觉得是对方的错误，就使尽浑身的力气给对方来几个右勾拳吧！

责任自负哦！（笑）

---

① 史蒂芬·柯维（1932–2012）：美国管理学大师，其所著的《高效人士的七个习惯》于2002年被福布斯评为有史以来最具影响力的十大管理类书籍之一。

② 范式转换：英文为“Paradigm Shift”，又称“范式转移”“典范转移”。这里指长期形成的思维习惯、价值观的改变和转移。

27

忍受不了一丝丝饥饿感！怎么办？

空腹是世界上最好的调味料（西谚）。

学生时代，我学习过某种武术。此武术推荐断食，我于是实践过断食一周。

断食之后，人体的所有感官都变得敏锐起来。

实际上，听说此武术的创始人，处于断食中时，在家的时候感到背后有一道视线，转头一看原来是一只老鼠。

“真的假的？”听了这个故事，我的好奇心一下就被点燃了，于是试着挑战一周只喝水的断食。（大家请勿立即模仿。断食有危险，要在正确的指导下进行。）

挑战的第二天，在爬车站的楼梯时我都觉得很艰难。

但是，大概第四天我就开始习惯，并稍微轻松一些了。只是我家没有老鼠，我也没有感受到老鼠的视线。（笑）

那一周的断食，最让我感动的是恢复进食的时候。

我在断食一周后吃的第一顿饭是一碗粥加一个梅干。

那是我人生当中，吃的最美味的一顿饭菜。

那真是人生中最好的一顿饭。在那之后就再也没有吃到那么能感动我的饭菜了。

就算是几万日元的套餐，也无法胜过那时的那碗粥。

吃了一口粥之后，大米的美味立刻跑遍全身。

我情不自禁发出感叹：“啊……真好吃啊！”

空腹，可以将食物变得美味，因此，空腹是幸福的前半部分。

“不吃零食”，原因是想要“吃饭吃得香”。

在完全空腹的状态下吃饭，仅仅如此，你每天都能感受到“幸福”。

“空腹”即“幸福”！

28

减肥，屡战屡败，太痛苦了！

你缺乏的，
不是耐心，
而是奖励。

“如果1个月减3千克，奖励你1亿日元！”

如果有人对你这样说，你一定会有信心坚持到最后吧！

人是这样一种生物，只要有足够的期待，就能克服一切难以战胜的困难。

所以说，多次失败，不是因为没有耐心和能力，但可以试着解释为“没有期待感”。

比如，减肥成功之后，就奖励自己“去南方的岛上旅行”。为此，你先买好去南方的岛上要穿的小一号的漂亮衣服或泳衣——购买两三件不瘦下来就不能穿的衣服，挂在房间里。

减肥成功之后，要做什么呢？

接着呢？

之后有什么好的事情等着我呢？

再然后呢？

试着想象一下减肥成功之后，有什么样的美好在未来等着自己，并把能想到的全部内容都写在笔记本上。

这也是解决不能让房间保持干净整洁的烦恼的方法。

要是有人跟你说房间要是能1年都保持整洁的话，奖励你1亿日元，你肯定能坚持到底吧！

有期待感就能完成事情的，就是人类。因此，把房间打扫干净之后会有什么好事等着你呢？写到让自己出现期待感为止。

你并非是没有耐性。

只是，没开启自己的期待开关而已。

29

总是遇人不淑。那个完美的人在哪儿？

不要在意那些不存在的人，要把目光投向距离自己半径3米以内的人。

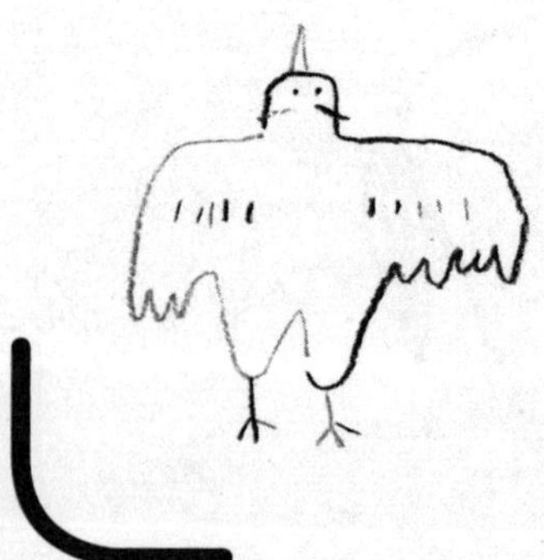

感叹没有好的邂逅的人，总是把目光放到不合适的地方。

没有好姻缘的人的共通点是，
只在优秀的人面前，才有好脸色。

这时跟我一起去询问，一直单身的我的友人就一个劲儿地点头，好像有了线索。（笑）

白驹说：“能力和金钱，有人拥有，也有人没有。但是，关系是谁都有的。因此，你不知道谁会给你介绍优秀的人。现在开始珍惜周围的人，就是开拓新缘分的秘诀！”

一方面，教会我看待事物方式的心理学博士小林正观先生也推荐，在找律师、税理士这样的专家时，或者想要找恋人时，应该选择与自己关系好的 10 个人，跟他们打招呼并拜托他们。

好人的身边也会有好人。所以最终就会有好的邂逅吧。

也就是说，平常就应该很重视人际关系，有困难的时候也就不怕了。

不曾出现的邂逅，是从现在已有的邂逅中延伸出来的。
所以无论何时，最重要的是眼前之人。

重视大家的人，大家也会为之倾倒吧！

30

讨厌打扫厕所。能不能不做这件事？

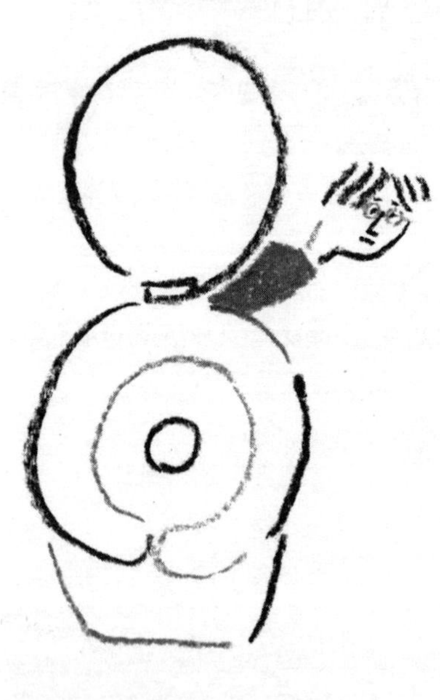

把厕所擦得锃亮的话，你的生活状态也会改变。

“为什么在那些发生案件的家里，有水的地方都是脏的呢？”

这个说法在警察中间悄悄地传开了。

发生案件的家庭，不管是洗脸池，还是浴缸，或者是厕所等有水的地方都很脏，这一情况是占绝大多数的。

民间一直流传的说法是，如果把厕所打扫得干净，一个人的收入也会增加。

用水的地方聚集着很多微生物，所以如果这些地方很脏，就会有不好的微生物在此聚集。这可能也会对生活产生一定的影响。

尤其是女性，她们跟家庭的联系更为密切，所以如果家中的排水管干净的话，她们的身体也会变好。

男性的话则与车的联系更为密切，那就顺便把车也洗干净吧！

自身的状态会在家中反映出来。

想到这里，就会下决心把家和厕所都打扫干净了吧！

整理房间意味着整理自身。

顺便提一下，被称为“赚钱能手”、在 400 个出租车司机中营业额最多的人曾说：“不管车脏不脏，我都会把车窗擦得很干净。”

窗户的干净程度和营业额是成正比的。

风和运都是从窗户进入的。

31

排队时总会莫名其妙地站在最慢的队伍里。有解决办法吗?

这个是所谓的宇宙
法则，你就死心吧！

为了能够幸福地生活，我们必须知道的定律并不是太多。

但是，这次我要讲的定律，是对你的人生有决定性影响的重要定律。

这个定律被称之为**“墨菲定律”**。

这是住在美国纽约的爱德华·墨菲发现的，自他 1974 年以书信的方式在《时尚芭莎》杂志上投稿发表之后，这个伟大的定律就成了话题。

但是，遗憾的是在日本，“墨菲定律”还不太为人所知。

这个发现不仅针对结账柜台，还适合所有的排队情况。不管是银行、超市的柜台，还是海关窗口，甚至高速公路收费口也同样适用。知道此定律和不知此定律，人生会截然不同。

这个发现是……

“别的队伍总比自己所在的队伍移动得快！”

想着“自己的队伍很慢”，可是刚刚离开自己排的队伍换到另一队时，你发现原来排的那支队伍移动得更快了。这就是“墨菲定律”在起作用了。

这虽然不是什么严谨的定律，但是如果你接受了这个定律，就会在生活里变得比较轻松吧？

排队结账很慢时，你如果觉得是“理所当然”的话，就不会那么焦躁不安了。

就像梅雨季节，即便下雨你也不会生气那样，把一件事视为理所当然也就不会再生气了。

Take a bird's-eye view of your life.
翡翠应对负面情绪的妙招②

话虽如此，但还是没办法变得那么乐观。

给这样的你——

人在没有被认可之前，很难踏出新的一步。感情同样如此。我们首先要做的就是接受它，承认它。

这里介绍一个接受情绪的简单方法。

小玉泰子创造的与内在的睿智关联的被称之为"爱结[①]"的言灵[②]方法。

不管多么讨厌当下的自己——

"我，接受、承认、原谅、爱'感觉_ _的自己'"

就这样，用几个词语来全面肯定自己的真实情绪。

比如上司令自己烦恼时，"我，接受、承认、原谅、爱'感觉很生气的自己'"——肯定自己的情绪。

具体的做法就是，出现不安、迷惘等情绪时，把自己真实的心情直接放到上面的空白处，进而承认它。

---

① 爱结：日语原文"まなゆい"，罗马字读法为"ManaYui"，意为与爱连接，与生命力连接，是用语言的方式听到自己内心深处的声音，从而行动的方法。此乃爱结协会代表小玉泰子自创的复合词。Mana 指夏威夷语的生命力，Yui 指日本各地的志同道合之人。

② 言灵：日语原文为言霊。在日本，很多人相信语言中有一种神奇的力量。

比如，你很讨厌总是在意别人目光的自己，

就可以说“我，接受、承认、原谅、爱‘感觉在意他人目光是很讨厌的自己’”。

在这之后涌现的感情，也同样地加以反复的全面的肯定。

“虽说如此，我还是不能喜欢自己”，如果这样想，就可以说“我，接受、承认、原谅、爱‘感觉还是不能喜欢上自己的自己’”。

之后，如果依然有“要是被人讨厌的话就会孤零零一个人了”这样的不安想法，也接受、承认、原谅、爱“感觉这样想的自己”。

我是这样做的。早上在浴缸中用 5~15 分钟的时间，把所有涌现出来的思绪都用这几个词进行全面肯定，直到自己的心情平静为止。

如果中途想着“肚子好饿啊”，我就会说“我，接受、承认、原谅、爱‘感觉肚子好饿的自己’”。总之，要全面肯定脑子里想的所有事情。

习惯之后，不用出声只在脑子里想就可以。

全面肯定自己内心浮现出的感情，最后会从自己的内心深处涌现出希望来。

通过“爱结”，我们内心的焦躁不安就一扫而空了。

这回，试着问问自己：“想要成为怎样的人呢？”

如果出现了“想要这样活着”的答案，也同样用“爱结”加以肯定。

用“爱结”肯定梦想和希望时，就不用刚才“我，接受、承认、原谅、爱‘感觉_ _的自己’”的句式了，而是变为：

“我，接受、承认、原谅、爱‘XX 的自己’”。

比如想成为作家，我们不说“想要成为作家的自己”，而是说“我接受、承认、原谅、爱‘作为作家的自己’”。

不是“想成为”，而是接受自己已经是这样的人了。

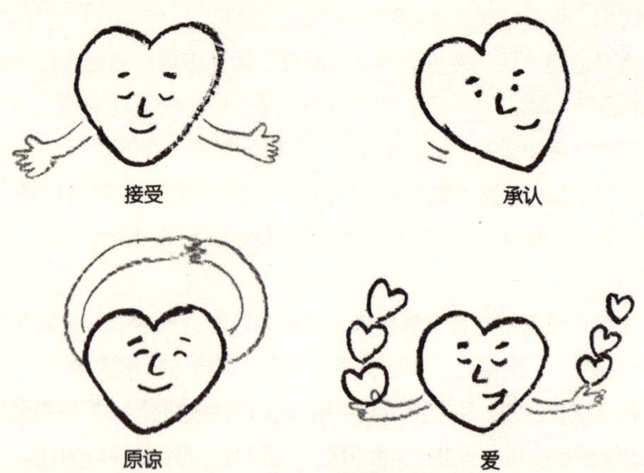

虽然差别很微妙，但是“我，接受、承认、原谅、爱‘感觉＿＿的自己’”，会将焦躁不安的感情与自己“分离”，从而帮助我们客观地看待情绪。

另一方面，“我，接受、承认、原谅、爱‘感觉＿＿的自己’”则可以将理想与现实中的自己“一体化”，允许自己成为这样的人。

这样一来，“爱结”就超越了单纯治愈心灵和解决烦恼的范畴，它能够创造新的现实。

如果有一天我能颁发诺贝尔和平奖，我想把奖颁给“爱结”。因为越是更多地用“爱结”，情绪就越会发生神奇的改变。

身在学校的人，也请一定采纳这种方法。

接受自己真实的情绪，心情就会平静下来。于是，我们的内心深处就会知道答案了。

第3章

“大受打击”时

32

总是碰到让人措手不及的意外。

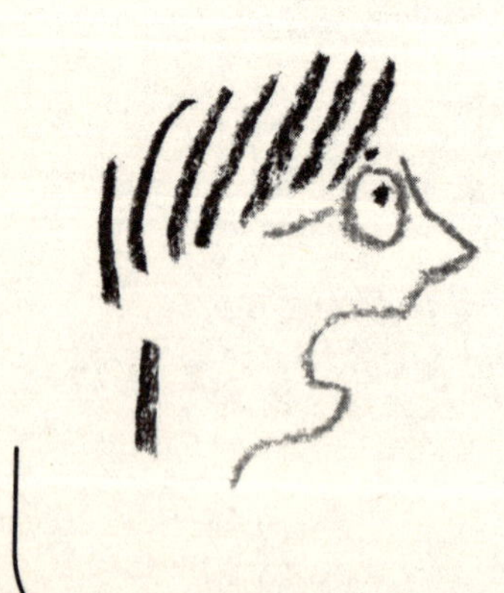

所有的 happening（意外），都能成为 happiness（快乐）。

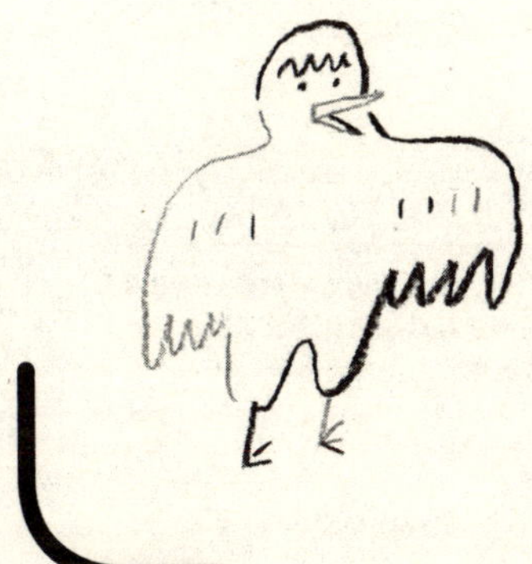

这是时尚设计师山本耀司[1]在纽约举办个展时发生的故事。

时装秀正进行得如火如荼，突然停电了，会场陷入一片黑暗中。

真是紧急事件。接着，黑暗中传来轰隆隆的响声。在所有电源都罢工，没有音乐的会场里，竟然出现了“ZUNDOKO, ZUNDOKO,MOTOI, ZUN,ZUN,ZUN[2]”的声音。同时，没有灯光的会场里，几十道耀眼的光芒宛若闪电，撕破了黑暗。

惊天动地的节奏声包围了会场，在光芒交错中，时装秀又顺利地继续进行了。会场里究竟发生了什么？

原来，一片漆黑中，来到会场的记者们同时打开了相机闪光灯，照亮了会场。看秀的观众则集体跺脚发出节拍声，弥补了缺失的音乐声。

灾难性意外的发生，反而使得会场里的观众团结一致，不仅秀场效果提升到一个新的高度，而且令人大为感动。

倒霉避无可避，意外不期而遇，麻烦不请自来。

但是，这又如何？

在意外中创造感动，我们是为此而生的。如果电视剧情节的发展可以被观众完全猜中的话，那么它的收视率为0。我们的潜意识其实是想品味意外。因此，发生意外时，你说的台词应该如此：

“欢迎你，意外。我一直在等您大驾光临。”

“happening”和“happiness”的词源是相同的。

意外，为“开心”登场拉开序幕。

---

① 山本耀司：世界时装日本浪潮的设计师和新掌门人，以简洁而富有韵味的设计风格而闻名。他与三宅一生、川久保玲一起，把西方式的建筑风格设计与日本服饰传统结合起来，使服装成为着装者、身体与设计师精神意蕴这三者交流的纽带。

② 日语原文是“ズンドコ、ズンドコ、もとい、ズン、ズン、ズン、ズン”。前文中介绍的ズンドコ，是日本演歌的一首乐曲，也叫《海军小呗》。

33

刮胡子时，不小心割伤了鼻头，血流不止。

让妻子开心的
机会来了！

一天，我出门前刮胡子。

因为睡懒觉的缘故，我不得不加快速度，手一滑鼻头就被割到了，血滴滴答答地流了出来。

看着镜子里“鼻头流血的自己”，我开始问自己：

“这是什么机会呢？”

我在出版的许多书籍中，都传达了这样的信息：任何事情都能变成机会！

但是，当时我也想：“不过这次是难以办到了吧！”

灵光一现。

我没有擦血，就这么猛地跑到了妻子面前。

看到鼻头流血的我，妻子大笑起来。

就这样，一大早我家就涌动着幸福的空气。（笑）

就连鼻头流血也可以变成让妻子开心的机会。

血滴、血滴，机会、机会，

冲，冲，冲！

34

钱包丢了。伤心！

赶紧唱北岛三郎①的《节日》这首歌吧。

① 北岛三郎：日本的演歌歌手、演员、作词家和作曲家。他在日本的红白歌会（相当于中国的春晚）登场次数最多，高达 50 次。

遭受到意想不到的麻烦时，如果你知道这个法则的话，就会有点期待下一次不幸的到来了（笑）。这就是“MATSURI 法则”，即如今在全日本因演讲大热的人气讲师樱庭露树所提倡的法则：

讨厌的事情发生后，
只要唱北岛三郎的《节日》这首歌，
就会出现意想不到的奇迹。

有一个人，去银行存 5 万日元前去了趟厕所，结果就把钱包给忘在厕所了。等她想起后急急忙忙跑回厕所，找到钱包时，却发现钱包里的 5 万日元已不翼而飞。这时，她想起了樱庭露树提倡的法则：

“啊，三郎啊！”

接着，她就在厕所里唱起了：“啊……啊，节日啊……节日啊……”没想到的是，丢钱的人一直想要参加的研修班（学费 30 万）的讲师竟然在不久后找到她，请她帮忙，不仅免了她的学费，还额外支付了酬劳。这位丢钱的女士就如愿以偿地听了课程。就这样，演唱三郎的这首《节日》进行“祭奠”，产生了奇迹的报告，接连传到了樱庭露树的耳中。

能做到激情地忘我演唱，这是关键。你能像在红白歌会上挑大梁的三郎一样激情四射地唱《节日》吗？在自己身上发生讲不清道理的事情时，情绪依旧不为所动的人，大概是没有的吧！但是，这样的“傻瓜”，是非常受神明偏爱的。

樱庭露树这样说道：“人生就是节日。不管是生病了还是出现事故，都一样要过。”

问题本身不是问题，我们怎样去看待它才是真正的问题

所在。

选择从什么角度看问题取决于我们本身。选择一种积极的态度去面对，之后就听天由命。

那么我们歌唱吧！

35

路上有一块钱！捡还是不捡？

一元硬币=财运。等着！我马上来救你！

某大富豪走路时看到了一元硬币。

这位大富豪拾起一元硬币时，嘴里还小声地嘀咕着什么。

当被人询问当时说了什么时，他笑着说：“等着！我马上来救你！”

大富豪把一元硬币当成自己的恋人般爱护。

哪怕一元钱也要珍惜。这样的人才会受到钱的青睐。

听说还有另外一位富豪，曾经蹲在路边，拼命想拿出掉在沟里的一元硬币。不过就是一元硬币啊！

因为大富豪把“一元硬币”解释为“财运”。

一元硬币的背后，可能会有其“父亲”十元硬币坐镇。

“父亲”十元硬币背后，可能会有“爷爷”百元硬币坐镇。

“爷爷”百元硬币背后，可能会有福泽谕吉[①]先生坐镇。

而这些一元硬币的亲戚可能会一同来拜谢帮助了一元硬币的你。

这样想的话，当你看到马路上掉了一元硬币时，就会格外热情高涨了吧。

甚至有时候看到一元硬币，会不由得比出“耶”的手势，请千万要注意形象哦！（笑）

人生是很简单的。

你所珍视的，它也会珍视你。

---

① 福泽谕吉：日本近代著名思想启蒙家，杰出教育家。面值1万的日本纸币上印有其头像。

36

在日式小酒馆，
自己的鞋被人
穿走了！

这时合适的评论是
“鞋子，合脚不？”

有讲师在演讲过程中，每次喝水时都要讲一个笑话。

演讲时，他曾这么说道：“哎呀！我的门牙干了。”

这位讲师有点龅牙（人们称他“瓦缸[①]”），他把这个劣势变成了段子。还有一次，是他和他师父的故事。

他的师父，经常招呼很多人到自己家开烧烤派对。这一天来了很多人，院子里、玄关处到处都是乱糟糟的鞋子。师父新买的、非常中意的鞋子也在其中。大家散了后，不知为何，师父中意的那双鞋子不见了。事态严重！

所有人都准备开始寻找师父那双消失不见的鞋子，以为师父会说：

“喂喂，我的新鞋子去哪了！”

谁知师父只是小声嘟囔着一句话：

“鞋子，合脚不？”

欸！

大家不敢相信自己的耳朵。

师父竟然一直在意穿走自己心爱新鞋之人，鞋子是否合脚。

不是“女士优先”而是“体贴优先”！

自己苦恼的时候，如果还能想着对方是否也在苦恼，这样的你也就能成为大家所爱戴的“师父”了。

必要的不是知识，而是体谅。——卓别林

---

① 瓦缸：译者音译。日语原文“わっかん”，文中讲师的昵称。原名为若山阳一郎，推测“わっかん”的由来是从其姓氏“わかやま”快读而来的。

37

正在上厕所，发现厕纸没了！

大便之后，地球上三分之二的人不用厕纸。那么，考验你的时候到了！

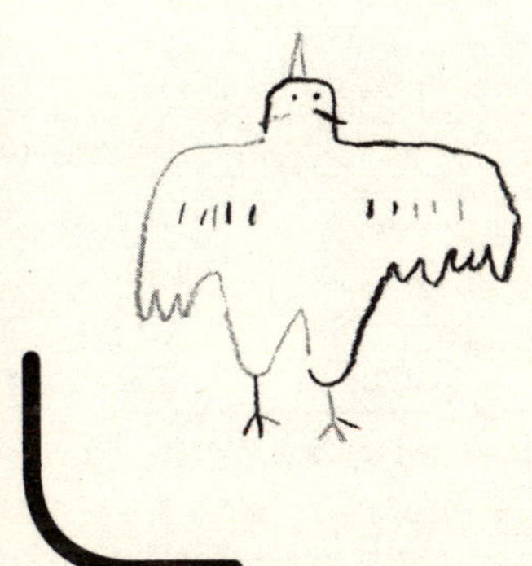

实际上，世界上擦屁股时用纸的人，也只占少部分。

那么，用别的什么材料呢？

沙子、小石块、树叶、玉米的绒毛和芯、草绳、木片、树脂和海藻等。

这就是这个世界的真实情况。

你知道的常识其实是世界不合常理的一面。

世界无奇不有，竟然可以将沙子当成厕纸！

解释广度的可能性也就是宇宙广度的可能性。你的“认识力”就是你的“宇宙”。

那么，回到问题本身，没有厕纸时怎么办？

那就用左手吧。

在拳击的世界里有这样一句话：掌握了左手拳，也就掌握了整场拳击比赛[①]。

厕所紧急事态的时候也要靠左手。

实际上，印度文化圈里，流行一边冲洗左手一边冲洗屁股的方式。

因此，即使没有厕纸，我们也有“黄金左手”！

也许有一天这个信息会派上用场吧。

我希望那天不要到来。（笑）

---

① 一般拳击手采用右手拳，如果动作与别人相反，就会让对手难以适应。

38

家门口出现好
多死虫子。也
太恶心了吧！

这些虫子，在你家，
迎来了生命的最后
时刻。

我的一位朋友开了一家咖啡店，店周围全是农田。大概因为周围的农田洒农药，到了特定时节，店门口每天总会出现很多死去的小虫子。一开始，朋友觉得有点恶心，也觉得有些不吉利，所以每天早上他的心情都不太好。

直到有一天，他的一位店员不经意间说了这么一句话：“这些虫子，在我们店门口迎来了生命的最后时光啊！”

顿时，朋友觉得这些死去的小虫子既可怜又可爱了。

这个店员继续说道：“正所谓一寸的虫子有五分魂①，我们把这些虫子埋起来吧。”

自此之后，在某一个时节，朋友都是先埋好在咖啡店门前死去的虫子，为其祈祷之后才开始工作。

此前，他看到店门口死了虫子会觉得“很不吉利”，带着不好的心情开始工作。如今，他却带着对生命的祈祷，神清气爽地开始工作。

现象是一样的。

但是，解释的方法不同，心境就会全然不同。

问题不在外部，

而在于你心中看待问题的方式。

---

① 日语谚语。相当于中文的“匹夫不可夺其志也”。

39

因为惊恐在众人面前大便失禁，羞愧到想自尽！

把大便失禁的场面变成画作挂起来，并发誓："以此夺取天下！"

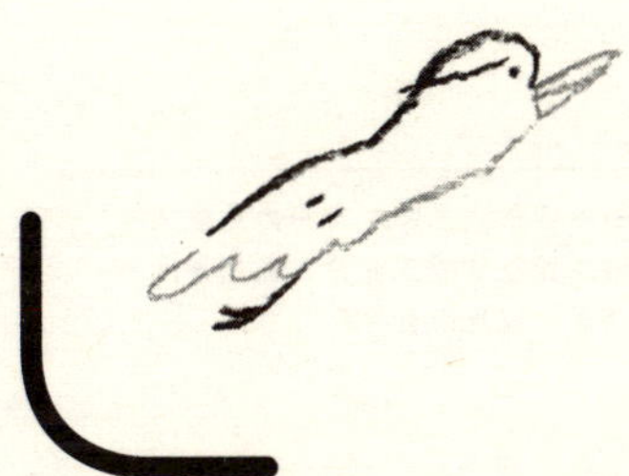

你觉得日本伟人中，在中国名气最大的是谁呢？

答案是“翡翠小太郎”的人，我很喜欢你哦！但是正确的答案是德川家康。

关于德川家康的书，在中国非常畅销。

据说中国某家出版社的社长，读了记载家康生平的书，深受触动，决定要“在中国推广这本书”。

触动这位社长的，就是家康在三方原会战[①]中的逸闻。

那次会战中，家康被武田信玄率领的军队打得落花流水，最终逃脱时竟然吓得大小便失禁。这个故事被记载在史料中。

这就好像太害怕竞争对手，在部下面前大小便失禁一样，算得上奇耻大辱了。

但是，家康并未隐藏这段经历，反而拜托画师，把自己大小便失禁奔逃的样子画出来，并装饰好挂了起来。

家康选择直面最想被隐藏起来的、最差劲的自己，承认他，并发誓“要以此夺取天下”。

他最终成功了。

以失败为支撑，实现完美跳跃。

出版社的社长感动于此，把德川家康的传记翻译成了中文，引进中国出版市场。

接受差劲的自己，从差劲的自己开始努力。

这才是最帅气的生活态度。

---

① 三方原会战：日本战国后期于日本东海道爆发的一场合战。爆发时间为元龟三年十二月二十二日（1573 年 1 月 25 日），地点位于远江国敷智郡三方原。交战一方为德川氏和织田氏联军，另一方为武田氏，最终以武田军的胜利而告终。

40

路痴的烦恼：总是走错路，还经常绕远路。

弯路走得越多，
回忆也会越多。

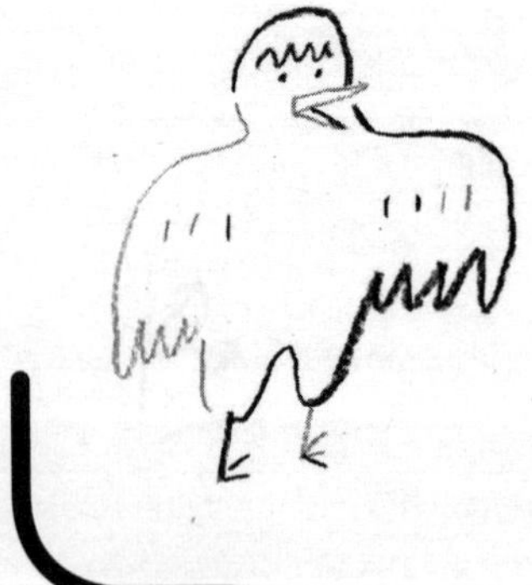

致想去西边却走到东边的你：
我非常喜欢有点犯迷糊的你。
没关系，最后总能到达。
因为地球是圆的。
弯路走得越多，回忆就会越多。

因此，走弯路也可以。
慢慢走就行。
一直走错路也行。
方向走错了也行。
该往右却往左走也可以。
不走也没关系。
趴着也行。
哇哇哭也没关系。

都可以。
一切都可以。
原本这宇宙里，就没有好坏。
所有的体验都可以有。
因此，安心走吧。

41

总是事与愿违，真是受够了！

天不遂人愿的时候，总有意想不到的好事发生。

婆娑世界一切皆苦。世事总是不遂人愿，没必要过分烦恼。

原本，人生就是如此啊！

不知为何写这句的时候，突然听到了一个声音："并不是没有希望！"

不！越是不能得偿所愿，就越是有希望。

请试着举出迄今为止，你感觉最幸福或最开心的两三件事情。这些都是在你心想事成之后得到的吗？

比如我，我感到最幸福的事包括：与妻子的相遇，女儿和儿子的出生以及成为作家。

跟妻子在一起，是被单恋了5年的Y拒绝之后才开始的。被Y拒绝之后我还是很喜欢她。因为Y想要考本地的新潟大学，我也就以此为目标。但是她考中了，我却落榜了。没有办法，我只好去东京的一所大学求学。

毕业之后，经朋友山元君介绍，我在东京一家公司就职，但是，却被分配到自己很不擅长的销售岗位，并因此痛不欲生。走投无路之下，我摸索着走上了写作的道路，渐渐地我爱上了写作，就这样成为作家。实际上，我与妻子也是在那家工作得并不开心的公司里相识的。

给我带来无比幸福的事情，并非是我如愿以偿完成事情后的结果，而是出乎意料的事情带来的结果。

天命不在想去的路上，而在走过的路上。

《绿山墙的安妮》里有这样一句话："人生不如意十之八九。不如意是一件很棒的事情，因为会发生出乎意料的事情。"

Take a bird's-eye view of your life.
翡翠应对负面情绪的妙招③

话虽如此，但还是没办法变得那么乐观。
给这样的你——

应对负面情绪的妙招之一和之二从根本上要做的，就是帮助我们努力做到客观地看待自己。

我觉得心理学，原本就可以说是客观剖析自己的一种技术。

试着把自己的人生当成一部电影，
坐在观众席上冷静地欣赏。

内心产生了“空间（闲心）”，就容易洞察事情。

有个心理学家曾做过这样一个实验。

受过严重心理创伤的人之中，已经走出心理阴影的人和还未走出的人，对造成心理阴影的事件，在认识上有什么差异呢？心理学家就此展开了调查。

比如，因与父母的关系受过心理创伤，但已经走出阴影的人，他们的回忆里会出现“父母”和“我”。

而那些还未走出来的人在回想的时候，就只会出现“父母”，没有“自己”。

知道这个差别意味着什么吗？

这意味着，已经走出来的人，“能够客观看待自己”。

否则，就意味着心理创伤还在，站在现实的视角，他们是看不见“自己”的。

因此，从能够客观看待“自己”的这个视角出发，才能够找到治愈自己的力量。

如同鸟的眼睛一样，在天空中俯瞰自己。

一旦做到如看电影一般，客观看待自己的人生之后，我们就容易将讨厌的情绪和自身分开了。

于是，内心就会产生空间，从而能够“洞察”事件本身。

比如，即使正在跟老婆吵架，如果我试着从空中的视角进行俯瞰，就会觉得生气的自己很愚蠢，有好几次我都在吵架时不由得笑了起来。

如审视别人一样客观地看待自己，
这样，就会待人如待己，
产生同理心了。

另外，能够客观认识到自己的情绪，就是“情绪”≠“自己”的证明。

比如，你怒火中烧的时候，就是“自己”=“生气”（100%）。

但是，生气的时候，如果努力想“今天的晚饭，吃什么好呢”，等式瞬间就变成了“自己”=“生气”+“晚饭”。

也就是“自己”≠“生气”。

真实的自己，是觉察出情绪并能客观看待的自己。

如果我们没有觉察出情绪在起作用的话，就容易被情绪摆布。但是，

觉察之后，就能自由选择了。

如何看待这个世界。

如何生活下去。

你的未来是可以自己选择的。

第4章

“暗自神伤”时

42

总觉得自己“已经XX岁了，上年纪了啊！”

只要把“已经XX岁”说成“才XX岁”，就可以延寿10年。

美国某大学的心理学研究小组，对认为“我才 40 岁”的 1000 人群体和认为“我已经 40 岁”的 100 人群体进行了跟踪调查。

结果，认为“我才 40 岁”的人普遍更长寿。

这是可以想象的，但是令人吃惊的是，这个“更长寿”不是以月为单位，而是以 10 年为单位。

“已经”和“才”之间的寿命竟相差达 10 年。

被称为“日本企业之父 ”的涩泽荣一[①]，其孙女鲛岛纯子，现年九十多岁了。她从 70 岁开始学交际舞，如今依旧精神矍铄，就算站着演讲两个小时都精气神十足。

在鲛岛的概念里，应该也是“才九十多岁”吧！

如果把人生的 80 年光阴比作 1 天里的 24 小时，
那么，
20 岁相当于清晨 6 点钟。
30 岁相当于早晨 9 点钟。
40 岁相当于正午 12 点钟。
不管想尝试做些什么，时间不还绰绰有余吗？
想要冒险的话，时间也完全来得及吧？
话不多说，放手去做吧。

---

① 涩泽荣一：日本明治和大正时期的大实业家。

43

工作一直不温不火，真是烦透了！

不足的，
是你真挚的微笑。

大家还记得“师父的鞋”这个故事中登场的朋友，龅牙的“瓦缸”吗？这次讲一个他去希腊雅典时发生的故事。

当时，希腊经济严重萧条。为了讨点小费，在游客聚集的主要街道，有人会放个纸杯，然后弹奏乐器或者唱歌。为了一天的口粮，大家都在拼命赚钱。

瓦缸，也想考验自己“能否在这里赚到钱”。

忽然，他灵光一现：“对啦。跳舞吧！我不是舞者嘛！”

瓦缸是 TRF 组合①的伴舞。

瓦缸说做就做，他立马跑到大街上，谁知竟然遭到冷眼，甚至有人朝他吐唾沫，还有人把讨小费的纸杯子给踢飞了。尽管如此，瓦缸还是继续跳舞，坚持了 1 小时后——

小费是 0。

瓦缸纳闷了。

为什么大家都这么不欢迎我呢？我的舞跳得很差劲吗？

不对啊，我在日本可是专业舞者啊！瓦缸开始认真观察起周围的表演者来，他发现得到很多小费的人和小费拿得很少的人相比，有一个很大的不同。

挣得多的人，表现得非常快乐；而挣得少的人，往往眉头紧锁，一脸痛苦的表情。瓦缸一下明白了。

对了！我也没有笑容，是带着心中的“痛苦”在跳舞。

瓦缸再一次站定，他开始狂热地转起圈来。与擅长或是笨拙无关，

---

① TRF 组合：主唱 +DJ+ 舞者的组合，被认为是日本流行乐坛的创举。

他只是开心地跳着。

不可思议的是，瓦缸沉浸其中，他不在乎周遭的目光，就这么跳了 10 分钟。

一个孩子走了过来。

来了——

瓦缸与孩子对视着，面带笑容继续跳舞。

更多的孩子走了过来。接着，孩子的妈妈也微笑着过来了。

“Efharisto（非常感谢）！”

叮，一枚硬币落入纸杯。这成为瓦缸在海外赚到的第一枚硬币。

怎么都出不了业绩的时候，缺乏的，是发自肺腑的享受的心情。

44

超级讨厌笨手笨脚的自己。怎么自我开解？

正因为你的不足，
所以弥补你不足
的人，才有了出场
的机会。

我的朋友菅野一势，作为成年人，有一个致命的缺点——

早上，起不来。

最近一起做活动的时候，他还迟到了5个小时。这样的菅野，在年轻时，工作之后也必定睡懒觉，工作没多久就被开除了。

没办法，他只能自己去当老板了。但是，他还有一个致命的缺点——选择在网络行业创业，却不会做网页，甚至不会用Word和Excel。

他决定把这些事全部托付给自己的妻子。但是，他还有一个缺点：写不了长篇幅的文章。

于是，他翻开高中时代的纪念册，挨个儿给以前的同学打电话，找自由撰稿人。那么，他自己做什么呢？做自己最擅长做的企划。最后结果怎样了呢？

他在1年后赚了1亿。

正因为你的不足，那些弥补你不足的人才有出场的机会。

顺便说一下，他还有一个更加致命的缺点：

“享受人生型”的、缺乏拼搏精神的性格。

想要过得更舒服，于是，菅野把工作移交给有能力的人，构建了他不去公司，公司也能正常运行的组织架构。结果，如今他已是二十余家公司的老板，成了大富豪。

不管有多少缺点都没关系，要真心诚意地接受自己的不足，在这之后，最大限度地去做自己最擅长的事。

菅野总是感谢他的员工，因为他深刻地认识到，没有他们自己什么也做不了。

不足，会让自己更加感谢并珍惜周围的人。

45

极度恐惧失败，甚至
因此严重失眠。

所谓成长，就是不断经历新的失败。

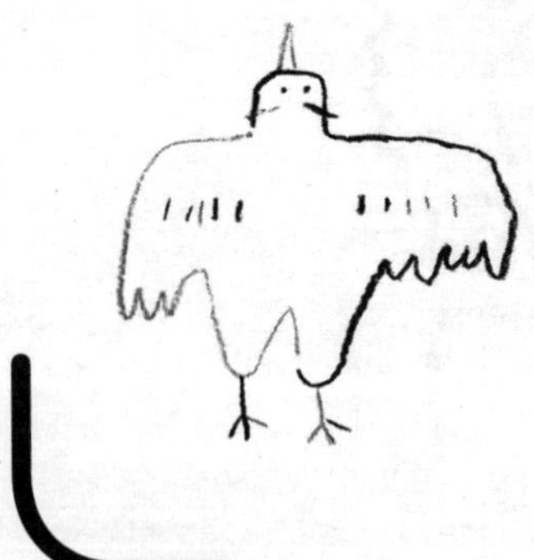

“这里，有没有谁在创业时经历过 10 次以上的失败？”

上文提到的菅野一势，在演讲时，经常会问大家这样的问题。每次都会有一到两个人举起手来。

于是，菅野又向经历了 10 次以上创业失败的人追问：“但是，你们的年收入都超过 1 亿了吧？”

直至今日，举手的人的答案都是“是的”。

菅野年仅 40 岁，却已是生活在新加坡的大富豪，拥有二十余家公司。这样的他，却在事业上比其他人经历了更多的失败——网上卖拉面，卖化妆品，卖减肥营养片，开咖喱店……他在传统行业里总共失败了 16 次，在互联网信息创业中也失败了 25 次。

这说明什么呢？说明他比其他人更勇于尝试。

成功的反面并不是失败，失败之后则是成功。

菅野深知这点，所以才会有开头的提问。

成功者失败的次数往往更多。菅野曾说，创业次数超过 10 次，却 1 次都没有成功的人，他至今尚未见过。

发明大王爱迪生，经历 1 万次以上的失败之后才发明了电灯。但是，他说：“我不过是证明了那些材料不适合用作灯丝而已。”

失败，是“发现”。

失败，是“发明”。

那么，穿好新衣，穿好新鞋，经历新的失败吧！

46

想实现梦想，却完全没头绪，该从哪里开始？

带着疑问前进。如果知道如何实现的话，那就不是梦想，是“计划”了。

“我想写本书。”

我开始隐约有此梦想是在2002年。但是，我的周围没有一个写书的人，所以我也不知道如何成为作家。

我就什么都没做，就这样过了两年。

有一天，我参加了一个心理学讲座。8个人的小组活动中，我说起了自己想要写书的梦想。正巧，同组中有一位作家。

“你，想要写书？”

虽然他比我年轻，但称我为“你”——一副高高在上的语气。

“是的，我想要写书。”我的回答把自己都吓了一跳。

“稿子呢？”作家问。

“欸？稿子啊？我还没写。”

“搞不懂你。”

“欸？”

“你想写书却没有稿子？真是搞不懂。”

冷不防被他说“搞不懂”。

“你好好想一下。‘我想要成为音乐家，却没有谱过一首曲子’，这样的人能成为音乐家吗？你跟他是一样的。我想写的时候就要写。然后，把稿件放进包里，哪天碰到编辑，就能马上交给他。为什么你的包里没有稿子？现在你若能从包里拿出稿子，我立马帮你转交给编辑。你白白浪费了这个大好机会，所以我真搞不懂你。”

听了这番话，我想反驳说：“确实如此，但我周围没有一个写书的人。我不知道怎么做！”但我没勇气说出口。

真的是很不甘心啊！姑且就在什么都不明了的情况下去做吧！于是，我开了博客，随便写了1篇文章。从那之后，我每天都更新博客。没想到这些文章构成了我的第一本书《3秒就能快乐的名言疗法》。

不知道方法也没有关系，先踏出今日能走的一步，之后就知道如何走下一步了。最后，把橘川幸夫[①]的一句话赠送给大家。

“只有做了之后才知道结果的事情，才是有趣的。”

---

① 橘川幸夫：媒体制作人、出版编辑和顾问。

47

但是，还是不知道该怎么实现梦想！

未做之事，
不要琢磨，
只需想象。

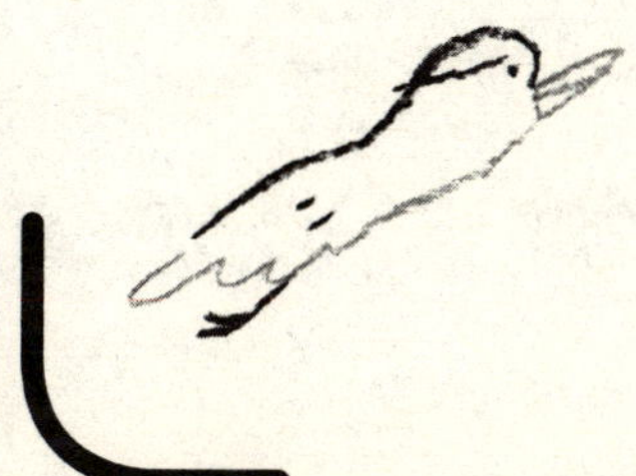

没有做过的事，你当然想破脑袋也想不明白啊！

因为，你没有做过啊！（笑）

这个方法是心理治疗家矢野惣一先生教给我的。

不知道自己具体的愿望也不要紧。

试着想象一下，梦想如果全部实现了，那时候的你跟现在的你有什么不同。

你会住在什么样的房子里，那是一个怎样的地方？跟家人的关系如何？做着什么样的工作？身边有什么样的朋友呢？会以怎样的方式生活呢？拥有的什么东西是现在所没有的呢？你做的什么事是现在不会做的？你的生活，跟现在相比有什么变化？周围人会对你如何评价呢？

这样想象之后，你就可以全力以赴地去做现在能做的事。

时间是按照“过去→现在→将来”的顺序依次流逝的，但在潜意识或大脑的想象中却是不一样的。在大脑中，未来是第一个到来的。

也就是说，如果你没有“未来怎么做呢”的想象，脑中的时间就不会流动。

比如，如果我们没有目的地，甚至无法迈出一步。这很好理解。

不管是走路还是开车，我们肯定是有目的地的，不管是去车站，去便利店还是散步，都是先有目的地，才会有所行动。

没有目的地，大脑就无法向身体发出“前进”的指令。

那么，现在好好想想，假设你所有的梦想都实现了，未来的你和现在的你会有什么不同？

48

做事三分钟热度，
做啥都没耐性。

做什么事都不能坚持到底的人，并非没有耐性，而是有当机立断的魄力。

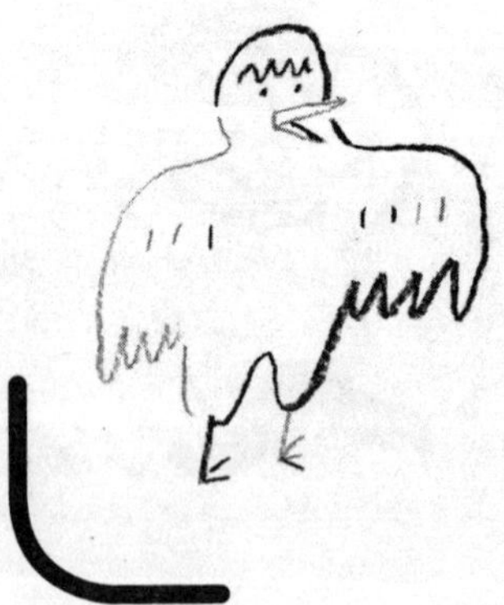

再来说一说大富豪菅野一势的故事。

菅野是我认识的“日本最没有耐性”的男人。

他从学生时代开始，做什么事都不能长久。

等进入社会，他还是照样没耐性，工作也不能长久。

他最先开始做土木工程的工作，但是很快就辞职了。

接着，他在一家公司做文职，但是早上起不来，被辞退了。

他又成了侦探，但因为需要工作到深夜，他辞职了。

后来，他做了销售的工作，因为不喜欢做销售，他又辞职了。

做什么都不能长久的人，一般会觉得自己“没有毅力”。但是，菅野一势并非如此，他视自己为“具有当机立断的魄力”的人，并认为自己发挥这个个性就很好了。

做什么事都不能长久的人，
却往往是善于挑战新事物的人。

于是，没耐性的菅野擅长的就是不断地发展全新的事业。尽管如此，他也充分考虑到自己是个没耐性的人，从一开始就决定好企业的负责人，任命此人为社长并进行全权委托。

结果，他的这种行为产生了良性循环，在众人的一片惊叹声中，菅野成为二十多家公司的老板。

“没耐性，做事不能长久”反而成了菅野最大的武器。

最后，赠给做什么事都不能长久的你，原男子专业网球选手松冈修造的名言：

“三天打鱼两天晒网？OK啊！能坚持三天就很了不起了。”

49

经常为了一件小事
愁眉苦脸。

一年后，反正你都
想不起当时为何
闷闷不乐，所以就
放心地烦恼吧。

儿子刚上小学一年级的时候，我这样跟他讲：“爸爸呢，一年级时候的事情差不多都忘记了。所以，现在的事，你长大之后就会全部忘记了，你要记住这一点。”

不料儿子却这样说道：

“爸爸，我连昨天的事情都记不得了。”

抱歉，既然如此，那你是一个活在当下的男孩啊！

“一年前，你在烦恼什么呢？”

如果这样提问，大多数人都不能马上想起来答案。

也就是说，现在令你烦恼的事情，一年之后就是你连想都想不起来的问题。

那么就请随意烦恼吧！

放心去烦恼吧！

滴答，滴答，滴答……

一秒一秒流逝的时间，都是你的伙伴。

在京都有个说法，“时间是最好的解药”。

50

总是忍不住去想不开心的往事。

每次想起不开心的事，都是一次改写回忆的机会。这个时候，不如让大脑想起贝多芬《第九交响曲》。

我还是一名中学生的时候，去上补习班，回家的时候都快到晚上10点钟了。路上黑洞洞的，一个人的回家路令我非常害怕。

后来我想出了一个方法，那就是唱《哆啦A梦》的《胖虎之歌》回家。

“我是胖虎。我是孩子王……”这么唱着，害怕的感觉就不可思议地消失了。

请用一下“胖虎的方法”。（笑）

因此，一旦想起不开心的往事，请在心中默唱贝多芬《第九交响曲》中的高潮部分——并非一定要《第九交响曲》，只要是欢快的乐曲都是可以的——并且将回忆切换成明亮的色调。

之后，再把不好回忆中的对象都想成二头身的样子，用一副米奇的耳朵将其可爱化。

比如，父母说的“如果没生下你就好了”这句话对你造成了很大的心理伤害，回想起来的时候你就为这句话配上樱桃小丸子的声音吧！

这样一来，每次想起灰暗的回忆时，

不妨扪心自问一下：“我实际上想要怎样呢？”

这样反复去做，总有一天会想：“啊，算了吧！”

想起灰暗记忆的时候，就是改写记忆的最好机会。请记住这一点。

对我们人生有重大影响的，不是“事实”，而是“记忆”。

“过去”是无法改变的，但是“过去的记忆”却可以随意改写。

51

好怕别人不喜欢自己，该怎么办啊？

那就尽管被讨厌吧！

艺术家冈本太郎还是一个无名小卒的时候，他从法国回到日本，发现当时日本的绘画界正是侘、寂、涩[1]的鼎盛期。冈本太郎觉得自己与日本的绘画界格格不入——自己并非想画漂亮的事物。

“哎呀，这是什么啊！？”——他想画的是令大家感到惊奇的事物。

但是，画这样的画，会被大家讨厌吧，也不会被大众媒体报道吧，自然也就卖不出去了。这样，自己就不能靠画画吃饭了，而没饭吃就会死啊……所以，走这条路，自己就会死啊……

索性，就在这条路上，死了好了！

冈本太郎，做好了这样的心理准备。

侘、寂、涩的鼎盛期，冈本太郎在只使用朴素颜色的日本绘画界中投下了一枚重弹——他将画布染成大红色，使用明亮的黄色，又涂上绿色，大量使用了当时一般不用的原色。

“为了不被喜欢，甚至可能会被讨厌的工作”，那就“索性被讨厌吧”！敞开心扉的冈本太郎，最终成为名留青史的艺术家，被大家所喜爱。

如果担心“会不会被讨厌呢”，那就索性被讨厌吧！

人们对待妖怪也是如此，想象的时候是最恐怖的。

那么，干脆直接靠近恐惧本身吧！而且，当你接纳了“好吧，那就被讨厌吧”的想法，心情就会变得完全不同。

比如，原本因为被要求加班，你心不甘情不愿，但转念一想，把“好，就让上司吃惊吧！要花三天完成的工作，我一天就做完给他看”加入自己的意志，你的干劲就会完全不同。

于是，心情也会变好许多。

---

① 即侘び（wabi.）、寂び（sabi）、渋（shibui），日本独特的美学意识。wabisabi一般翻译为侘寂，shibui翻译为涩，即典雅。

52

无法与他人意见一致，好痛苦啊！

无法达成共识并非不幸。相反，能达成共识才是奇迹。

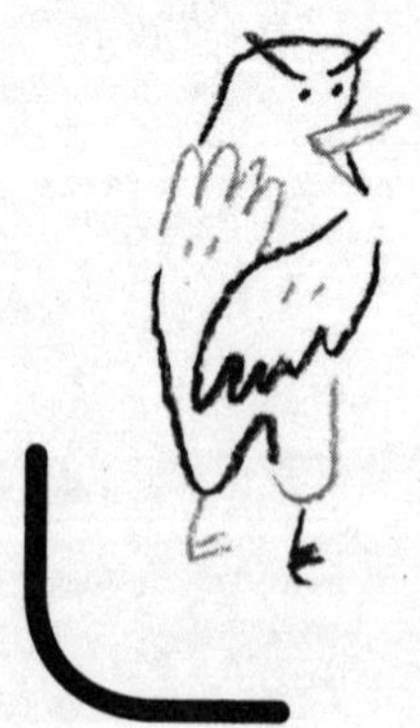

如果对所有事情都抱着很高的期待，我们就会总是焦躁不安。

比如，我家孩子在汉字测验中考了60分，我知道后抚摸着儿子的头，表扬他说："好厉害！"

因为我儿子会给汉字"白鸟(ハクチョウ)"误注音为"ダチョウ(鸵鸟)"，他很不擅长汉字（笑）。所以，原本我对他的汉字测试成绩就没什么期待，即使只有60分我也会拍手喝彩。

根据自己期待值（认识）的不同，个体的情绪也会有所变化。

"与别人不能达成共识，别人不能理解我"，为此烦恼的人，会认为"人与人之间相互理解是理所当然的"，因此，他们对他人抱有的期待值会非常高。

也因此，一旦双方没有达成共识，他们就会感到压力，会焦躁不安。

对于这样的人，我会赠给他们完形治疗[①]创始人波尔斯的、被称之为"格式塔的祈祷"的一段话：

我做我的事。你做你的事。我活着，并非为了回应你的期待。你是你，我是我。如果我们无法心意相通，那也无可奈何。如果我们的心意能偶尔相通，那就是最棒的事。

顺便说一下，脑科学认为男性和女性的性格，平均下来，只有20%的内容是重合的。因此，只在20%的事情上能够心意相通，这也是理所当然的。

是啊，要是跟谁能实现21%的心意相通，
那就是奇迹了。（笑）

---

① 完形治疗：最接近东方哲学思想的一种经验性疗法，重视觉察能力的提升，协助人们整合思想、感觉与行为，治愈过去未完成事件留下的创伤。近年来被广泛运用在艺术治疗、心理剧和身体工作等各领域。

53

总是忍不住在意别人的目光。

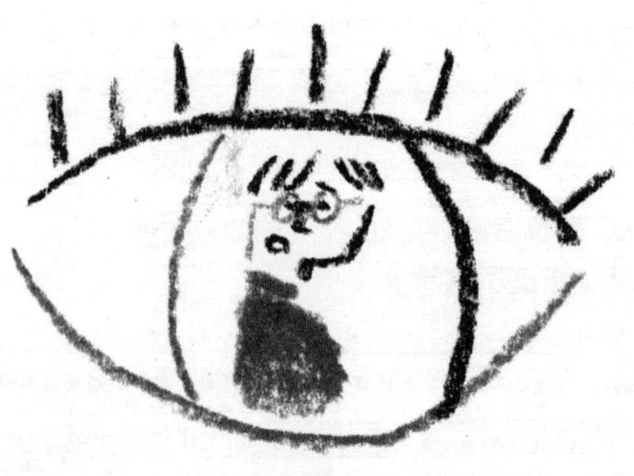

不要琢磨对方怎么想，
要感受自己怎么想。

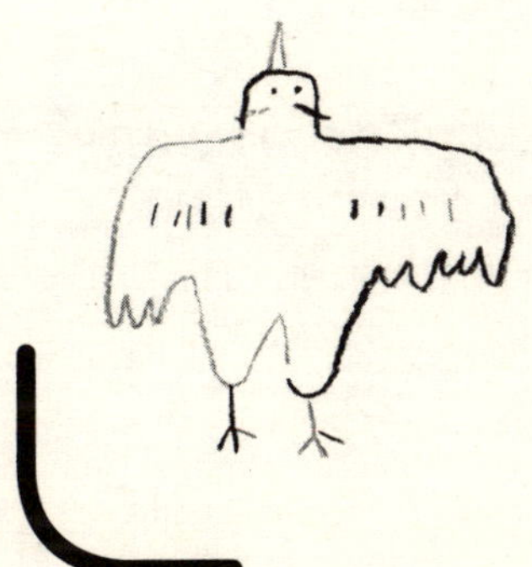

某次，在我的演讲会上，一位坐在最前排的男子，跷着二郎腿，双手抱臂，双眉紧锁地听课。我忍受不了这种挑衅的态度，因此那天的演讲我进行得并不是很顺利。进入互动答疑环节后，他竟然又是第一个举手的人。

面对内心忐忑的我，他这样说：

“我是您的铁杆粉丝。今天终于见到您了。非常感谢！”

欸？

什么？铁杆粉丝？不早说嘛！

在我看来，他是极不情愿来听我的演讲的。但实际上根本不是，他像小狗黏人一样，坐在最前排的位置。（笑）

还有一次，还是在我的演讲会上，还是一个坐在前排的人，他从中途就开始打瞌睡。因为打瞌睡点头的幅度过于显眼，引得我频频侧目，导致我当天的演讲也不是很顺。谁知，在之后的交流会上，那位听众却跟我说他是我的铁杆粉丝，虽然工作很忙，但为了听我的演讲，他选择了一夜未睡，熬夜加完班后赶过来听讲。

这件事情之后，我就再也不会去随意猜测他人的想法了。

因为不管如何“证据确凿”，还是可能会猜错。

在意他人目光时，在众人面前紧张时，不要去想象“别人如何想我呢”，而要想“我如何想别人”，这样就不会受周围环境的影响。

“对方”如何看待自己不过存在于自己的想象中，而“自己”如何看待别人则是事实。

54

周围人都成双成对，只有自己“单”着，不开心。

祝福朋友也同样祝福自己。大脑也会因此认为“自己也能做到”。

完全没有必要否定着急的内心或嫉妒朋友带来的不好的情绪。

这种情绪就这么存在也不要紧。

用前文“翡翠应对负面情绪的妙招②”中所介绍的言灵方法“爱结”吧！首先完全“接受、承认、原谅、爱‘嫉妒朋友的自己’”，在这之后如果还能祝福朋友，那是最好不过的。

据说大脑是“不能理解主语”的。也就是说，说别人的坏话，就跟说了自己的坏话是同样的状态。反过来说，鼓励朋友的话，说出来后，大脑会认为自己也一定行。因为，祝福别人和祝福自己，几乎是一样的。

《The Shift[①]》（日本大宝石出版社）一书中，韦恩·戴尔[②]博士写道：

“其实，人不是在吸引‘想要的东西’，而是在吸引‘与自己相同的事物’”。

物以类聚，人以群分。

能够祝福朋友，你也会进入被祝福的状态。

一起开心，你就会与开心的能量产生共鸣，从而吸引开心来到身边。

开心，则会带来下个开心。

从今日起的三个月，请试着鼓励朋友“你一定行”，朋友会因此变得神采奕奕，同样地，你也会变得精神十足。

---

① 此书还未在中国出版，可译为《转变期》。

② 韦恩·戴尔：美国深受欢迎的自助导师，畅销书作家与演讲大师。他于1976年写作的《你的误区》一书至今销量高达3000万册，成为长销不衰的经典，被誉为“一本将人本主义思想带给大众之作”。

55

无论如何都无法原谅父母。

请把无法被你原
谅的父母作为自
己的反面教材吧，
并致以感谢。

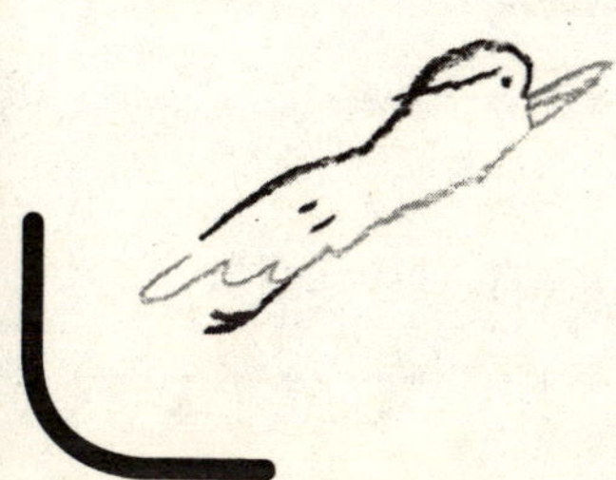

"你觉得自己是怎样的人？"

在我做过的研习会上，我曾让参加者写出对自己的定义。

这时，有一位小A写了"和平主义""重视与他人的关系""自己有主见但也会配合别人"等定义。

看到她写的内容，我不禁问道："小A，你的母亲是一个怎样的人？"

她如此答道："她觉得全世界都是围着自己转""任性""绝对不改变自己的意见""要求别人特别对待自己""感情用事，容易动怒"，等等。

于是，我跟她说："那么，这次写一下关于你自身的，你最喜欢的自己身上的优点。"

她的答案是："温柔""敏锐""不使唤别人，尽量自己做事""不感情用事，能看到别人的优点"……

我对A说："看到这些，你明白了吗？你的优点，正好全部是你所列举的你母亲缺点的反面。"

她的脸上露出了吃惊的表情。

小A身上有很多优点，但是，她的这些优点，正是自己的母亲这最好的反面教材带来的。

"把母亲视为反面教材，结果你才与自己的孩子们建立了非常好的关系吧？"

听到这里，她的眼泪一下子就掉下来了。

讨厌的东西背后，都有着隐藏的情绪。

请这样去理解。

不能原谅父母，那不原谅也行。

但是，即使不能原谅，你却能够做到感谢他们。

56

就算把父母想成反面教材，都做不到啊！

就算无法原谅父母，你能让自己幸福就行。

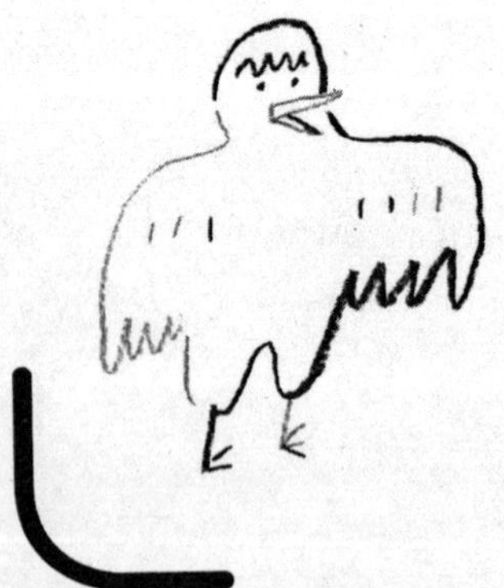

我丈母娘家养了一只叫“大大”的约克夏梗，它很喜欢我。只要我去，它就会高兴地在房间里跑上几圈，然后一直待在我身边。

但是，另一只刚刚养的吉娃娃却极其讨厌我，好几次它都想咬我。

就连一向喜欢跟人亲近的狗，也有自己的喜好。

有讨厌的人，也不是一件坏事情；有自己无法原谅的人，也不是一件坏事。即便是父母，也有无法让人原谅的恶劣父母。这时不用原谅也行。但是，你要记住一点：你可以一生都不用原谅父母。

但是你要原谅你觉得“无法原谅父母”的自己。

无法原谅的心情背后是“希望多爱自己一点”“希望重视自己”这样的情绪，你要珍惜。

其实并非不能原谅。

只是还不想原谅。

因此，不原谅也可以。

请先让自己幸福吧！

如果你变得幸福，用奥赛罗[①]进行比喻，就是棋盘右边全部变白。

刚出生的时候，谁都是白的，最终再次变白，就算过程中有再多的黑暗，也都啪嗒啪嗒地反转过来了。

原谅父母，在你变得幸福之后就应该把怨恨放下了。

如果真的不能原谅父母，只要你幸福也好。

---

①奥赛罗：一种黑白棋游戏。

57

人为什么活着?

你认为的幸福是什么？现在是重新审视自己出发点的时候了。

有这样一个故事。某乡间小镇里，旅行者与当地的渔民进行对话。

旅行者：“你应该每天多出几趟海，你太浪费时间了。”

渔民：“不不，这样已经够了。”

旅行者：“这样太浪费了。剩下的时间你做什么呢？”

渔民：“我会好好睡一觉再出去打鱼。回家之后与孩子玩，与老婆一起睡个午觉。晚上会跟朋友出去喝一杯酒或者去唱歌。”

旅行者：“你应该再多花点时间在打鱼上，这样你就可以卖掉吃不完的鱼，攒钱买一艘大船。在这之后就能建一个工厂，然后把鱼卖到世界各地去。”

渔民：“那需要花多少年啊？”

旅行者：“25 年就能做到了。”

渔民：“在那之后呢？”

旅行者：“把工厂的股票抛掉之后，你就能成为大富翁了。这样的话，你就再也没必要工作了。”

渔民：“那接着呢？”

旅行者：“退休之后，你就可以住在海岸边的小村庄里，安安稳稳地睡到日上三竿。白天就钓钓鱼，跟孩子玩玩，跟老婆舒舒服服地睡个午觉。到了晚上就跟朋友喝一杯，去唱个歌。这不是很棒吗？”

渔民:“不! 我现在不正过着这样的生活吗?”

人究竟为何而努力？人究竟为何想要成功？

为了幸福吧？如果能知道什么是幸福，在这之后只要去追求就是了。事情会变得非常简单。

不知道自己为何活着的时候，就回到自己的出发点去寻找。所谓的出发点，就是考虑“你的幸福到底是什么”。如果你已经找到了自己觉得最重要的事，那就已经幸福了。

58

消极、颓废，很
讨厌自己这样
却无法改变。

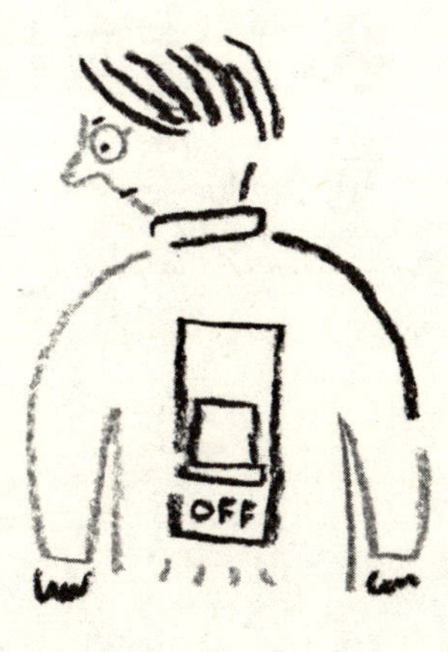

提不起干劲，不是心理原因，而是身体原因。因此，请相信"能睡的孩子能成长"这句格言，只管去睡觉！（笑）

提不起干劲的时候，你会责怪自己吗？

提不起干劲，不是你的错。只是，你的“身体”疲劳而已。

没有干劲的时候，请个假，好好睡一觉吧！

因为好好睡上1周的话，你自然就想要做点什么了。

接着，再给你的“身体”更多的奖赏：去吃点好吃的东西，去泡个温泉或者去空气好的地方旅行。买漂亮的衣服或是包包也行。

心情很苦闷的时候，如果想要解决的是心理问题，那就得绕远路了。

把“心累”等同于“身体累”，在你苦闷的时候，从放松身体着手，见效就比较快。

精神力量就是身体力量。

为什么我会有这样的想法呢？

那是因为我意识到我周围的天才们，多数在人生的某个时期，会出现依靠睡觉来进行自我调节的阶段。

前些日子，我见到一位在20岁就能创作出非常厉害画作的画家，就问了他这个问题：“你的人生中有没有一段时间只想着睡觉？”

“你怎么会知道？”他大吃一惊。人气作家吉本芭娜娜也有好几年的时间一直在睡觉。果然是，能睡的孩子能成长啊！

周围的人都觉得我好像很忙，其实我经常被妻子抱怨“你整天就是睡觉”。因为我不睡的话就写不出好书。

为了改变世界，我要好好睡觉！（笑）

深度睡眠时灵魂还在思考，这有益于世界。

——亚里士多德

59

总觉得“最近都没什么好事”。

不是没有什么好事，
只是你没有说好话。
先小声说三次：“啊，
真是太幸福了！”

五位医生做了下面这个实验。

他们轮流询问一位健康的人："欸，你今天的脸色不大好呀，怎么了？"

很快地，这位健康的人竟然真的生病了。

接着，他们又主动与一位患者打招呼："你今天气色很不错哦！"

这位患者的身体竟然慢慢变好了。

通过这个实验，医生们意识到：

"会不会是我们的语言影响了患者的健康状况？"

确实如此。

人能因为语言而变得幸福。

觉得"最近好像都没有什么好事"的人，并非真的没有遇到好事，而是没有好好说话。

试着从浴缸里起身时，小声说："啊！好幸福啊！"

当大脑中呈现出某种图像时，它会随意找一个合理的理由出来。也就是说，哪怕是你小声地说"好幸福"，大脑也会在瞬间启动，主动去"检索"幸福的事情。

因此，可以把"语言"视作找到想要的"幸福"的搜索引擎。

搜索"幸福"一词，就会想到诸如"今天能吃饭""能走路""眼睛能看得见"等小小的幸福。

幸福，不是刻意做出来的，而是被发现的。

比如，你也可以这样想："啊，能读到这么棒的书，我真是太幸福了啊！"（笑）

60

工作的意义究竟是什么？

工作就是创造感动。
首先，要改变的是
对工作的认识。

被称为经营之神的松下幸之助先生，接受采访时曾被提问：“您为什么没有参与土地买卖呢？”这是因为松下幸之助对工作的认识与别人不同。

“工作就是创造感动！”

制造造福人类生活的产品，创造出感动。这是他心目中的“工作”。而买入土地，待其升值之后再卖掉，这不是他想要的工作。

拿我弟弟来说。我弟弟开了一家饭团店。在他觉得“自己就是在卖饭团”的时候，他的店连续亏本，经常有职员辞职，甚至有一次五位骨干职员一起辞职了。弟弟意识到，自己连挽留职员的话都说不出口，渐渐地，他已经无法找到工作的意义了。

处于人生低谷的时候，他再一次审视自己工作的出发点：难道自己的人生意义仅仅在于卖饭团？结果，他的自我意象改变了。

“自己的工作，是通过食物，传播日本人历来重视的饮食文化。”

将日本人重视的饮食文化发扬光大，就是自己的使命。

想通之后，弟弟就不仅仅只卖饭团了，他开始重视起食材和生产者等各种讲究之处，还将自己的研究心得通过POP[①]或新闻推送给客人。渐渐地，职员也觉得工作有了干劲，也就不再辞职离开了。慢慢地，饭团店就开始盈利了。改变对工作的认识后，很多想法也会改变，想出来的解决问题的点子也会完全不同。以后请多多这样想：

“我的工作是让人幸福。”

这样想之后，你对工作的看法就会更加全面。

---

① POP：一种放在店里引导消费和活跃卖场气氛的促销工具，如吊牌、海报、小贴纸、展示架和实物模型等。

61

老实说，梦想是不可能实现的吧！

梦想之所以不能实现，是因为你没有大的梦想。

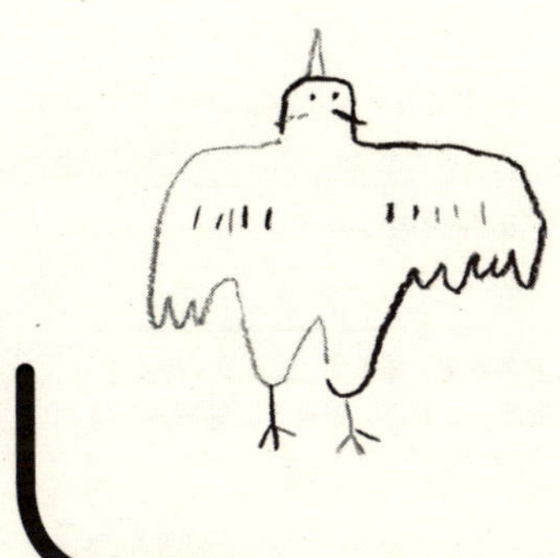

我推荐给想要实现梦想的人，在现有梦想的基础上，再加一个“在印度当演员”的梦想。

在印度电影中，即使是严肃的剧情，也会突然出现又唱又跳的画面——印度电影有着浓厚的音乐剧氛围。也就是说，在印度要成为演员，必须既会唱又会跳。

日本人想在印度当演员，这绝对不行。

在国民大多数为B型血的印度，成为电影演员似乎不是很难①；而对于规规矩矩的日本人来说，这几乎可以说是不可能完成的梦想。

请再想想你自己的梦想吧！

跟“在印度当演员”相比，“哎呀，简直是小菜一碟，轻而易举啊！”

觉得“轻而易举”之后，突然之间，你的梦想就变得容易实现了。

欸？并没有什么用啊？（笑）

认真地说，我的办法是推荐你找到一个自己绝对不可能实现的、连影子都看不到的梦想。

比如：“写一个能让世界结束战争的爱的故事，并拿到诺贝尔和平奖”“赚1亿然后拯救全世界的贫穷孩子”“成为超越坂本龙马的革命家”……

I have a big dream!

之后，你原有的梦想和目标都变成了必经阶段。

---

① 有观点认为，拥有B型血的人适合从事的职业有舞蹈家、音乐家、剧作家、外交家、设计师、艺术家、军事家、探险家、运动员、教育家、工程师、侦查员、策划师和飞行员等。

梦想，在你被它吓得直哆嗦的时候，是不会实现的。

当梦想并非未实现之物，而仅仅是一个必经阶段时，不知不觉中它就实现了。

Take a bird's-eye view of your life.
翡翠应对负面情绪的妙招④

话虽如此，但还是没办法想得那么乐观。

给这样的你——

“即使留心要说些积极的话，不知不觉又说些泄气的话，想法又变得很消极了。我觉得这样的自己实在是弱爆了，心里有深深的‘罪恶感’。”

很多人都有这个烦恼。

顺便说一下，我并无这种罪恶感。因为即便是消极的说法，我都会觉得：“说了也没什么大不了的。”这个时候，产生罪恶感的原因，是你认为（深信不疑）：“应该用积极的语言。”

我在前言中已经提到，人的行为，是经过以下步骤产生的：

①事情（事实）→②解释（赋予意义，深信不疑）→③情绪→④行为

“情绪”是在“解释”之后才产生的。

而“情绪”不是原因，是结果，是不管怎样都无法改变的结果。我们能控制的原因只有“解释”。

“解释”就是“赋予意义”“深信不疑”和“价值观”。

你认为的“必须做”“应该这样做”“应该这样”“这是对的”“这是错的”……所有的这些，都是你的“解释”。

比如，你有“不能被别人讨厌”这样的“解释”，就会有在意他人目光的“不安”的“情绪”；

你觉得自己“必须活泼开朗”，则会让你对性格沉闷的自己产生“厌恶感”；

你觉得“不能让别人见到自己脆弱的一面”，就会对懦弱的自己产生“焦虑”；

你觉得“不能拒绝别人的请求”，就会因自己拒绝别人而产生“罪恶感”；

你觉得“必须去学校”，就会因不去上学的小孩而生气；

你觉得“必须跟所有的人搞好关系”，就会“讨厌”无法搞好人际关系的自己。

“情绪”的背后，必然有成为其原因的“解释”。

但是，一些饱含问题的“解释（赋予意义、深信不疑和价值观）”，当你认为是理所当然的时候，自然无法注意到它的存在。

但是，出现“讨厌”的情绪时，
你就有发现问题的机会。

因为“讨厌”的情绪后面，必定有“解释（深信不疑）。”

告诉我们答案的，则是“情绪”这个信号。

出现“讨厌”的情绪时，请试着想：“我是有着怎样深信不疑的想法和价值观，才会出现这样‘讨厌’的情绪呢？”

于是，“不能被讨厌”“不能出错”“必须去学校”，等等，这些限制自己的条条框框就会跑出来。

当深信不疑的既定想法出现后，

“啊，我原来是这么想的啊！好！”

仅仅承认它就行了。

也不要在价值观上用“好”“坏”来判定这想法。

因为一旦开始判定想法的好坏，就又开始责备自己——陷入了无限循环。

什么能让自己获得真正的自由？只要看清这一点，就能让自己得到解脱。

即使是一只幽灵，只要你知道了它的真面目，就不会再害怕了。

不用勉强自己变得积极向上。

真正的积极向上，是完全接受了消极之后的一种状态。

只有完全接受，你才能回到本真（中立）。

回到本真之后，你就可以更加自由地选择未来了。

62

明明努力学习，
却觉得自己毫无
长进。

觉得自己没变，
这只是你的错觉！

人百分之百都会变。

甚至即使被人说“不准变”也是不可能的——人一直处于变化中。

为这句话提供证据的是：你与三个月前的自己是完全不同的。

身体每三个月就会进行一次新陈代谢，与三个月前比，你的身体是由全新的细胞组成的，就连骨头也会在一年的时间内发生变化。

你觉得自己没有变化，是因为我们的身体像头发丝那样，是一点点成长的，很难被发现。

你和我，每时每刻都在变化。

恋人也好、家人也罢，跟昨天都是不一样的。

每时每刻都是新的。

那么，跟五年前的自己做个对比吧！

再跟十年前的自己做个对比吧！

你身上发生改变的地方有很多。

中国有句俗语：“士别三日当刮目相看”。

意为三日未见，对方就大有长进，已然脱胎换骨。

接受变化吧！

63

一无是处的人，配活在这世上吗？

完全可以哦！（笑）

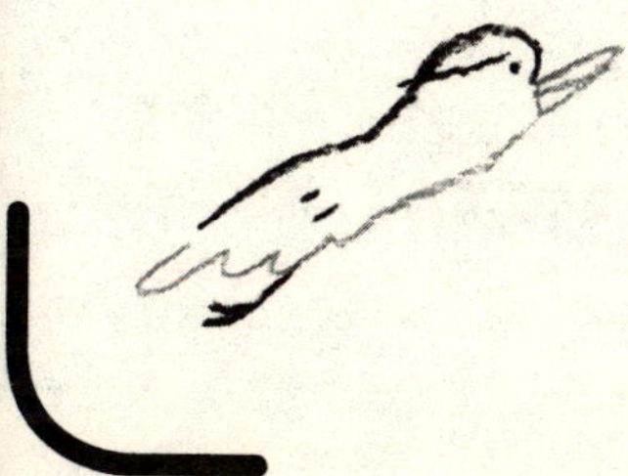

地球上营养最丰富的地方是深海的海沟。海沟里最多的物质是“磷酸”。磷酸实际上正是森林茂盛生长所不可或缺的成分。支持树木生长不可或缺的成分竟然在深海的海沟里。那么，深海中的磷酸是如何到达森林里的呢？

首先，深海海沟中有一种小虾会摄取磷酸。之后，摄取了磷酸的小虾会被深海鱼类吃掉。深海鱼又被处于中间层的鱼吞食了。在这一系列过程中，沉在海沟里的磷酸就会浮到海面的上层水域中。

但是，磷酸还是在海里，该如何冲破层层阻隔，闯进森林里呢？

这时，有一种鱼顺势而生了。

“OK！交给我！”

鲑鱼！

鲑鱼用尽全力，奋力冲出大海，沿着出海口逆流而上。从海里游到淡水河最干净的地方，也就是河水的发源地，它们在那里耗尽自己的生命后，走向死亡。在那里，不愿浪费鲑鱼热情的“大汉”出现了。

棕熊！

棕熊在森林里吃掉鲑鱼——终于，磷酸到达森林了。这回，又有一种动物出现了。它吃掉棕熊吃剩的鲑鱼，还跑到山顶去排便。

貉子！

貉子在山顶排便。这样，深海海沟中的磷酸终于到达了山顶。在雨水的冲刷下，磷酸流到了森林的各个角落。

这个世界，真的是在完美的和谐中形成的。

人类社会同样如此。你认为你对谁都没用，这是你的自由。但是，实际上，仅仅因为你是你，就可能已经对某个人有用了。在你不知道的时候，仅仅因为你是你就已经很好了。

64

已经很努力了，可世界依旧如此。那努力还有什么意义？

你，只要快乐地生活，就是为世界和平做出了贡献！

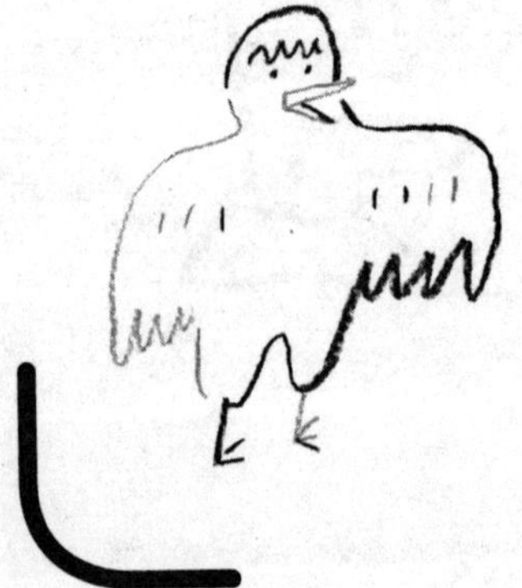

你觉得人类犯的最大的罪过是什么？出轨？责怪别人？乱发脾气？德国文豪歌德曾说过：

“人类最大的罪过就是不快乐。”

不快乐才是大罪。我来举一个拉面店的例子吧。

一位顾客买了一碗拉面，拿着餐票找了个位子坐下。

店员问：“您是要吃味噌拉面吗？”

顾客立马大声嚷着：“你看看餐票不就知道了吗？还需要我来确认吗？”

被呵斥的店员把气撒在正在做拉面的人身上，没好气地转告了顾客的要求。

于是，做拉面的也生气了：“那家伙生什么气？”

做拉面的人下班后，郁闷地回到了家，想要喝杯啤酒消消气。他打开冰箱一看，一瓶都没有。于是，他朝老婆发火了。

老婆心情也很不爽，看到孩子又不吃青椒，就把孩子训了一顿。

孩子第二天到了学校，因为不高兴就挑衅了小伙伴。两人吵了起来。孩子的母亲被老师请到了学校。在了解了整个事件经过后，母亲明白原来孩子吵架是因为昨晚挨骂了，心情不好。

回到家里，母亲把事情的原委告诉了孩子父亲，这才知道原来父亲也是因为在工作中受了气，才冲妻子撒气的。

翌日，父亲问店员：“你那天为何突然生气？”这才知道原来店员是因为受了心情不好的顾客的气。

这是在一家拉面连锁店召开的说明会上讲述的真实故事。

也就是说——如果你是快乐的，也就是在向周围传递快乐因子。仅仅因为你的快乐，你就已经在为世界幸福贡献力量了。那么，就请保持快乐吧！

65

对着夕阳，觉得孤单又寂寞。

夕阳染红天空时，
你的心也充满了
梦想。

为何大家会说“向流星许愿，愿望就能实现”？

实际上是有个中道理的。

流星闪过只是一瞬，在这一瞬间若能说出自己的愿望，是因为梦想一直停留在你的心里、你的嘴边。

有一种说法是，一个人想起梦想的次数，与梦想实现的速度是成正比的。

所以，我们也应该想办法让自己能够在日常生活中，尽量多地想起自己要实现的梦想。

运用这个方法最好的道具就是夕阳。

吉尼斯世界纪录认定的“世界上最成功的艺术家” 迈克尔·杰克逊，他之所以能一次又一次地实现梦想，其成功的秘诀就在于夕阳。

看着太阳下山，
我总是默默地许愿。
当太阳的余晖消失在地平线前，
我许愿。
于是，太阳接受了我的愿望。
这时，愿望已不仅仅是梦想，而是我的目标。

迈克尔这样向我们讲述了他实现梦想的秘密。

不是日出，而是在夕阳落下的瞬间许愿，这很符合迈克尔的风格。

今后，看到夕阳时，就请自问：“我真正想做什么呢？”

让这一刻记录自己的真心和梦想吧！

每次面对夕阳，都要宣告自己的梦想。

当夕阳染红天空的时候，你的内心也充满了梦想。

66

一边嫉妒别人，
一边因此内疚，
快崩溃了！

这个星球上的人，
都为此而烦恼。

我们想让恋人幸福。但是，如果恋人被别人夺走，而且还过得很幸福，你会怎样？

“让恋人幸福”的这一目的已经达到，但是我们却嫉妒着，对吧？

这个星球上的人，都爱嫉妒。

嫉妒难道不是很自然的情绪吗？

在这里，我们要讲一下被称之为世界最古老智慧的古代印度哲学“吠陀”。吠陀所提倡的宇宙观认为，自古以来，都是梵我一如①，世界有且仅有一个意识。这仅有的一个意识（梵），选择与人类灵魂分离。虽然如果不分离，人类就没有憎恨、嫉妒和恐惧等负面情绪，但梵还是选择了分离。为何选择了分离？吠陀给了这样一个理由：

“是因为想要爱。”

如果只有一个意识的话，会连爱的对象都没有，体验爱更是无从谈起。憎恨、恐惧和嫉妒，它们的存在都是有一定理由的。

为了体验爱，为了给爱创造出场的机会，它们是必需的，它们存在的目的就是为了爱。

若无怪兽，英雄就永远没有出场的机会。我们不能总有机会选择爱，这是没办法的。但是，我们能尽力选择爱吗？这就是当今，这个时代，所质疑的。Dead or love?

---

① 梵我一如：印度哲学的中心思想。神学家们从梵天（Brahama）一词中概括与抽象出一个形而上的实体“梵”（Brahman），并将其作为世界的最高存在。他们把这个梵和作为人主体的“阿特曼（灵魂、我）”结合并相等同建立了“梵我一如”的原理。即作为外在的、宇宙的终极原因的梵和作为内在的、人的本质或灵魂的阿特曼，在本性上是同一的。

67

人生难道不是一直都艰辛而痛苦吗？

人生谢幕时，最坏的回忆都会变成最美的存在。

有人在养老院提问："迄今为止的人生中，大家最幸福的事情是什么？"大家一愣："啊？幸福的？"气氛完全没有活跃起来。

但是，如果换成下面这样的提问，大家一下子就精神焕发了。

"迄今为止的人生中，大家印象最深刻的事是什么？"

对于这个问题，老爷爷和老奶奶们都开始七嘴八舌地说起来了。他们说的是怎样的故事呢？

都是艰辛的故事。

"不，我才更苦！""不不，我更苦！"于是，大家就开始自豪地争论谁更加不幸了。在讲起自己艰辛的往事时，彼此脸上，

熠熠生辉。（笑）

听到这里，有人会说，我有点搞不懂了，

人究竟是为了享受幸福，还是为了享受痛苦而活呢？

蓦然回首，幸福就在灯火阑珊处。

下定决心直面困难的事情，因为无法逃避，只能边哭边面对的往事，变成回忆的时候，竟然也会如此珍贵。

人生有两段奢侈的时间：

享受的时间和学习的时间。

人在痛苦的时候，更能深入地去学习。

因此，即使现在很痛苦，也一定会克服的。

要感谢人生给予的苦难。

68

面对病痛，怎样才能重燃斗志？

生病的原因，不在过去，而在未来。

在知道结婚咨询顾问白驹妃登美女士精通历史之后，我提议我俩一起写一本关于历史的书。实际上，当时的她正处在癌症复发期。她被主治医生告知："我还没见到在这样的状态下还能够被救治好的"，她的眼前一片黑暗。（而当时的我，对于白驹女士的状况，全然不知。）

"之后，在你身体还能动的时候，早点跟家人商量一下孩子让谁照顾比较好。"她恍惚听到了主治医生的话。

白驹女士自那天起就再也笑不出来了。她要弃两个正上小学的可爱孩子，先他们而去啊！晚上，看到孩子们熟睡的脸庞，她的眼泪就止不住地掉下来。

一件一件地实现了自己的梦想，工作上也很充实，也非常注意饮食，年龄也才 40 出头，"为什么我会罹患癌症？"她无法接受自己患癌的事实，每天以泪洗面。

忽然有一天，好友对她说："就算妃登美你没有笑容，不开心，只要你活着我就很开心了。"已经笑不出来的妃登美女士，想到"即使自己没有笑容，只要还活着，就能给别人带来希望和勇气"，那么，就算癌症治不好了，现在的自己也是幸福的。

这个时候，她忽然意识到自己迄今为止都无法接受病痛的原因，不在于"过去"，而在于"未来"。战胜癌症的过程，是为了让未来的自己更加光彩夺目地走过所必经的道路。这样想之后，已经熟悉的风景突然在眼前闪耀起来，希望和勇气也涌了出来。

结果在之后的检查中，奇迹发生了。白驹女士的癌症消失了。

幸亏如此，我和白驹女士共同编写的《人生烦恼时就问"日本史"》才能够顺利完成。现在的白驹女士奔走于全国，一年要开 150 场演讲，受到极大的欢迎。这段罹患癌症的经历，也确实是为了让她能够到达光彩夺目的未来才出现的。

即使是被医生宣判了死刑的人也能找出希望、感到幸福。因为幸福不是由现实决定的，而是由心态决定的。

69

毫无安全感地活着，很痛苦！

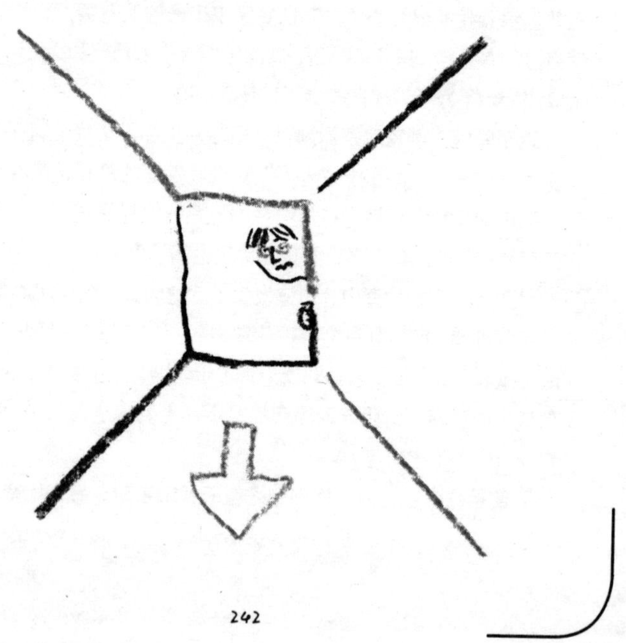

不必寻找依据，
你可以直接决
定未来的颜色。

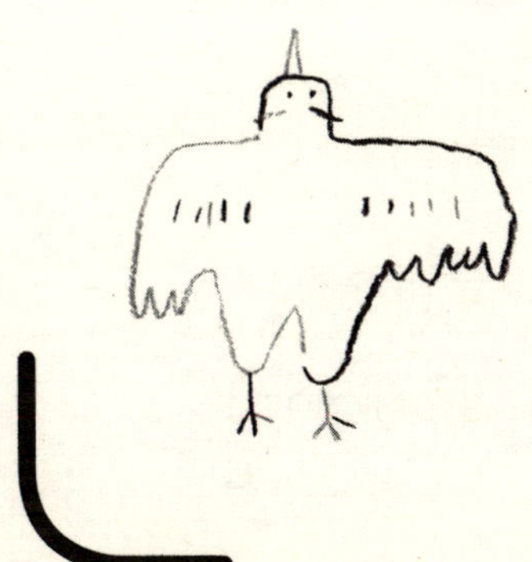

一个叫“阿千”的男性，负债1亿，还没有工作。不知道如何活下去的他，找到了咨询顾问福岛正伸先生商量。

这位男士一股脑儿地倾诉自己烦恼的时候，福岛先生一直面带微笑地听着。一刹那，阿千开始疑惑了：“咦？难道我在说些什么开心的事情吗？”

大体讲完之后，福岛先生说道：

“阿千！改变世界的机会来了！”

阿千回忆当时的场景时，如此说道：

“我觉得人生完蛋了，找人商量，结果福岛先生却眼神坚定地对我说，‘遭遇了快要完蛋的倒霉事情的人，才能改变世界。’

“可能如此吧，我也就真这么想了。福岛先生对倾诉者的现状完全不感兴趣。相比倾诉者，福岛先生多几倍甚至几千倍地相信他们的未来会更辉煌。”

明明阿千本人都对自己的未来不抱期待，但福岛先生却打心眼儿里觉得他很有希望，并非常期待。

那么，我也相信自己的未来吧，阿千下定决心。

之后，阿千的人生发生了180度的大转变。如今他已成了红遍全国的超级人气咨询顾问。这就是千田利幸的故事。

我与福岛先生见面的时候曾问他：“福岛先生为什么会如此相信人呢？”

福岛先生这样答道：“因为我想从事相信人的工作。”

福岛先生决定相信，自己遇到的人都是非常厉害的人。

未来不是“琢磨”出来的，而是“决定”出来的。

你想要看到什么呢？你想要怎样活着，做好决定就可以了。

70

两只狼在搏斗。一只代表"恐惧""嫉妒"，一只代表"喜悦""希望"。哪只会获胜呢？

你选择的那一只。

美国印第安土著代代相传着这样一个故事。

两只狼在搏斗。

其中一只狼象征着恐惧、生气、嫉妒、伤心、悔恨、欲望、傲慢、自怜、内疚、憎恨、自卑以及自我。

另一只狼象征着喜悦、和平、爱、希望、分享、安详、谦卑、亲切、友好、同情、宽容、诚实、怜悯以及信赖。

一个小孩问爷爷：

“Which wolf will win?”（哪一只狼会赢呢？）

爷爷答道：

“The one you feed.”（你喂养的那一只。）

实际上，同样的争斗在你们心中，在所有人心中早已开始了——

你想见的成了现实。
你选择的成了现实。

这个世界上的所有东西都是因为某种期待才存在的。
即便你房间里的椅子、笔记本和笔，也全都是设计者期待的东西。
因此，不要选择不安，而要选择希望。
不要选择恐惧，而要选择期待。
不要以“现状就是如此”“过去就是如此”的借口来描述未来，
而应该想着“我想要如此”，积极选择人生最美好的未来。

现在就站起来，高举期待的旗帜吧！
你选择的，是这个星球的未来。

The Last Message

“在决定所有的事情时，都要考虑到它对七代以后的人的影响。”

这是美国印第安人的格言。他们选择的基准，就是七代后的子孙是否能有笑颜。这样一来，每个人都选择自己想见到的未来的世界，而这个世界就会在刹那间发生改变。

我师从的心理学家卫藤信之先生，曾跟印第安人一起生活了一年。

印第安人在砍一棵举行仪式要用的树之前，众人还会在一起大声讨论：砍哪棵树才会令七代以后的子孙不会为难呢。仅仅是砍一棵树，都会这么认真地为后代着想。并且，砍一棵树之后，他们还要再种一棵树。大家试想一下：

我们 1 秒的决断，甚至能改变 100 年后的未来。

能做到这一点的只有我们人类。

这个星球，因我们的梦想而形成。Made in dream!

100 年后的孩子们期待的现实，现在就开始选择吧！

我知道，你是为此而生的。
所以，你手握这本书。

感谢你读到了最后。

后记：
关于“蛇”的解释

小时候，我经常玩的地方是家门前的神社、新潟三条的八幡宫。

因为这段经历，我一直梦想着有一天能去它的本社、位于大分宇佐的八幡宫祭拜一番。这个愿望，终于在大分演讲的第二天实现了——员工带我去的。

大分宇佐八幡宫的本社，位于海拔 647 米的山顶。宫内，笼罩着一种独特的安静气氛。在回去的路上，司机突然刹车。

有什么？

竟是蛇！

大家一起盯着那条蛇。过了一会儿，蛇“咻”的一下，消失在山林中。

在回程的机场咖啡店里，大家都津津有味地谈论着蛇。其中一名员工说：“听说蛇是神明的使者。看来这次旅程是被祝福的。”

而之前开车走在前面的男子，脸色不虞地说道：

“实际上，我开车时没有注意到，应该刮到了那条蛇。之后，听到蛇还活着，我松了一口气。我开的车伤害了神明的使者，我会不会遭什么报应啊？一想到这里我就心情不好了……”

即使大家跟他说了我们已经确认蛇没有什么大碍，他的表情还是很阴沉。看着他无精打采，我就想讲一个可以帮助他的故事。带着这样的想法我跟他交谈起来，渐渐地，我们聊到了以后的目标。

“今后你想要做什么呢？”

“想把自己在工作中学到的东西传递给人家。”

“那什么时候做呢？”

“这个嘛……现在开始准备的话，还要五年吧！”

“你不用等到五年后才开始传递啊，因为你已经准备好了。你的能力和可能性都已经体现出来了。因此不管是从今天开始也好，明天开始也罢，都是可以的。你很介意伤了蛇这件事情吧？但是好好想想。这次，直接与神的使者近距离接触的，在我们之中，就只是你吧！因此，你的身上一定是最早发生变化的。”

“啊？蛇的事件,还能这么解释啊！怎么感觉自己开心得快哭了！”

他的表情一下子变得欢快起来。紧接着，当天的飞机晚点了 20 分钟。我这样解释给他听：“现在我与你的这番对话，也是因为飞机晚点了 20 分钟才有的。上天也是想让我把这个意思传达给你，才会让飞机晚点的。”

“这样啊？连飞机晚点都可以如此解释，这可真是太好了！”

世界是一块白色的帆布。正因为如此，你们可以自由地把它解释成能让自己感觉到喜悦和开心的样子。他向我道谢，其实更想道谢的是我。听到他说“啊，还可以这样解释啊”，我就想到了新书的写作方向。

“一个解释，世界就能变成美好的天堂”，这是本书的创意。如何解释,认识和看待现实的方式就会全然不同。你的“认识”就是你的“世界”。也就是说，只有你本人才是自己的救世主。

你改变的话，
照在镜中的世界也会在 1 秒内发生变化。

幸福不是由现实决定的，而是由你的心态决定的。我凭借《3 秒就能快乐的名言疗法》走上写作之路已经 10 年了，如今，能写这本书，我真是感到既开心又感激。

我真的很爱读到最后的你们。

翡翠小太郎

你改变世界的时
刻终于到来了！
一路顺风！

最后的任务

现在，请走到镜子前笑一笑。
接着，对映入镜子中的双眸，
说一句：
“谢谢你，与你相遇真是太好了！”

因为，镜子中的人，
才是改变你人生的救世主。

谢谢，
与你相遇真是太好了！